三维扫描测量与逆向工程技术

严金凤　申小平　编著

電子工業出版社
Publishing House of Electronics Industry
北京 · BEIJING

内容简介

本书由高校一线工程训练教师与企业逆向工程师联手打造，围绕先进的三维扫描测量与逆向工程技术，以实际工程项目和竞赛项目为特色，兼顾理论基础与实践操作两个方面，注重创新思维的引导，以项目驱动的方式来组织相关内容。

本书重点讲解三维测量技术、面结构光三维测量原理和基于面结构光的三维测量方法。每一部分内容都配有详细的应用案例进行讲解，并配套有相应视频和设计文件。本书的最后是综合应用案例，针对不同类型产品以综合案例的形式进行逆向工程全流程的技术讲解。

为便于教师教学和读者自学，与主教材同步开发的教学资源有案例源文件和操作视频。每一部分都配有相应的工程实际案例，说明应用思路与方法。

本书可供机械制造及其自动化、机械电子工程、材料科学与工程、逆向设计等专业的科技人员和本科生学习参考，可作为高等专科学校和高等职业学校相关专业的教学用书，同时，也可作为广大机械制造、材料成型等领域的岗位培训或自学用书。

未经许可，不得以任何方式复制或抄袭本书之部分或全部内容。
版权所有，侵权必究。

图书在版编目（CIP）数据

三维扫描测量与逆向工程技术 / 严金凤，申小平编著. —北京：电子工业出版社，2021.11
ISBN 978-7-121-34421-3

Ⅰ. ①三…　Ⅱ. ①严…　②申…　Ⅲ. ①产品设计－计算机辅助设计　Ⅳ. ①TB472-39

中国版本图书馆 CIP 数据核字（2021）第 228092 号

责任编辑：赵玉山　　特约编辑：顾慧芳
印　　刷：北京盛通数码印刷有限公司
装　　订：北京盛通数码印刷有限公司
出版发行：电子工业出版社
　　　　　北京市海淀区万寿路 173 信箱　邮编：100036
开　　本：787×1092　1/16　印张：9.75　字数：250 千字
版　　次：2021 年 11 月第 1 版
印　　次：2025 年 2 月第 4 次印刷
定　　价：39.00 元

凡所购买电子工业出版社图书有缺损问题，请向购买书店调换。若书店售缺，请与本社发行部联系，联系及邮购电话：（010）88254888，88258888。

质量投诉请发邮件至 zlts@phei.com.cn，盗版侵权举报请发邮件至 dbqq@phei.com.cn。

本书咨询联系方式：（010）88254556，zhaoys@phei.com.cn。

前　言

随着计算机、数控和激光测量技术的飞速发展，逆向工程不再是对已有产品进行简单的“复制”，其内涵与外延都发生了深刻的变化。逆向工程起源于精密测量和质量检验，是设计下游向设计上游反馈信息的回路，以产品设计方法学为指导，以现代设计理论、方法和技术为基础，运用各领域专业人员的工程设计经验、知识和创新思维，通过对已有产品进行数字化测量、曲面拟合重构产品的 CAD 模型，在探询和了解原设计意图的基础上，通过对技术的消化、吸收，对产品原型进行改进，实现对产品的修改和再设计，达到设计创新、产品更新及新产品开发的目的。因此，逆向工程是产品快速创新开发的重要途径，已成为航空、航天、汽车、船舶和模具等工业领域最重要的产品设计方法之一。

目前国内关于三维扫描测量与逆向工程技术的书籍比较少，现有的关于逆向工程的书主要讲述的是实践性操作的过程，缺少必要的理论描述。本书围绕实际逆向工程项目操作过程中的三维测量原理与方法、正逆向混合设计和 3D 打印技术等内容，介绍相关内容的理论基础及实际应用方法，重点讲解三维测量技术、面结构光三维测量原理和基于面结构光的三维测量方法。其特色如下：

1．以实际工程项目和竞赛项目为特色，兼顾理论基础与实践操作两个方面，注重创新思维的引导，以项目驱动的方式组织相关内容，方便教师组织教学和学生自学。

2．理论知识前沿、基础概念阐述准确，融合了目前较先进的三维测量技术的原理与方法，介绍了目前市面上先进的、典型的面结构光三维扫描仪原理与使用方法。

3．精选了教师创新大赛（全国高校教师教学创新大赛—3D/VR/AR 数字化虚拟仿真主题赛项）中的经典项目，具有较强的实际应用价值和参考价值。

4．本书实现了校企专业技术资源融合，由企业专业人士提供部分项目实际案例，案例真实，流程清晰，贴近读者需求。

5．实际案例有易有难、覆盖全面、项目操作步骤明晰，内容由简到繁、序化适当，与主教材同步开发的教学资源有案例源文件、操作视频等。

在本书编写过程中，感谢南京双庚电子科技有限公司技术专家贡森和技术人员石祥东、孙政政提供的实际工程项目案例和技术指导，感谢南京林业大学周海燕老师对本书的内容和体系提出了很多中肯和宝贵的建议，在此表示衷心的感谢！

本书配有电子课件及部分内容的视频操作演示，读者可在华信教育资源网（www.hxedu.com.cn）注册后免费下载相关文件。

由于编著者水平和经验有限，加之可参考的资料有限，书中难免存在不妥之处，敬请广大读者不吝指正。

编著者

2021 年 8 月

目　录

第 1 章　逆向工程技术概述

1.1　逆向工程技术发展与应用

1.1.1　逆向工程概念

广义的逆向工程（Reverse Engineering，RE）是消化、吸收先进技术的一系列工作方法的技术组合，是一项跨学科、跨专业、复杂的系统工程。它包括影像逆向、软件逆向和实物逆向三方面。目前，大多数关于逆向工程的研究及应用主要集中在几何形状，即重建产品实物的 CAD 模型和最终产品的制造方面，称为实物逆向工程。

实物逆向工程是指对已有的产品零件或原型，利用三维数字化测量设备来准确、快速地测量出实物表面的三维坐标点，并根据这些坐标点通过三维几何建模方法重建实物 CAD 模型的过程。

随着计算机、数控和激光测量技术的飞速发展，逆向工程不再是对已有产品进行简单的"复制"，其内涵与外延都发生了深刻的变化。逆向工程起源于精密测量和质量检验，是设计下游向设计上游反馈信息的回路，以产品设计方法学为指导，以现代设计理论、方法和技术为基础，运用各领域专业人员的工程设计经验、知识和创新思维，通过对已有产品进行数字化测量、曲面拟合重构产品的 CAD 模型，在探询和了解原设计意图的基础上，通过对技术的消化、吸收，并对产品原型进行改进，实现对产品的修改和再设计，达到设计创新、产品更新及新产品开发的目的。因此，逆向工程是产品快速创新开发的重要途径，已成为航空、航天、汽车、船舶和模具等工业领域最重要的产品设计方法之一。

正向设计工程是由概念到 CAD 模型再到实物模型的开发过程；而逆向工程则是由实物模型再到实物模型的过程。在很多场合产品开发是从已有的实物模型着手，如产品的泥塑和木材样件或者是缺少 CAD 模型的产品零件。逆向工程通过对实物模型进行三维数字化测量并构造实物的 CAD 模型，然后利用各种成熟的 CAD/CAE/CAM 技术进行再创新的过程。

逆向工程技术全流程如图 1-1 所示。从图中可以看出，逆向工程主要包括三个阶段：产品规划阶段、产品功能及结构分析和技术设计阶段、产品快速制造阶段。在产品规划阶段，通过对产品或者原型的测量规划，得出测量数据，最终实现测量方案制订及表面点云数据测量。在产品功能及结构分析和技术设计阶段，对点云数据进行预处理，得到点云模型，分析模型，制订建模方案，进行数据分区、特征约束重建，实现特征处理与 CAD 模型重构；在原 CAD 模型上进行优化创新，实现技术创新设计。在产品快速制造阶段，将重构的新 CAD 模型导入 CAE/CAM/CNC 分析制造，生产新的产品，或者将数字化模型转存为 STL 模型，进行快速成型，快速制造出新产品或产品原型。

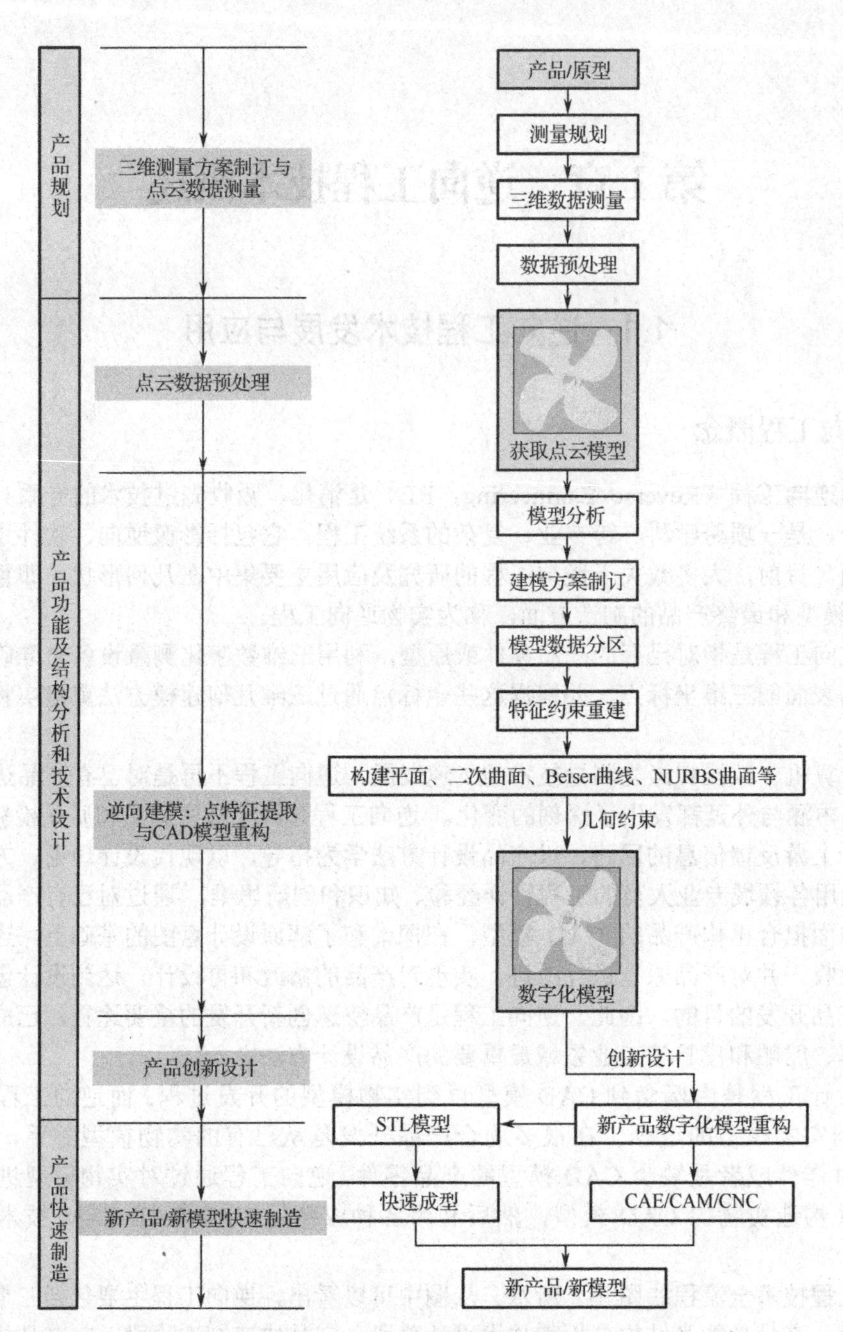

图 1-1　逆向工程技术全流程

1.1.2　逆向工程应用

随着新的逆向工程原理和技术的不断引入，逆向工程已经成为联系新产品开发过程中各种先进技术的纽带，现已被广泛地应用于家电设计、汽车工业、零件检测与修复、医学和航空航天等行业，成为消化、吸收先进技术、实现新产品快速开发的重要技术手段。逆向工程技术的应用主要集中在以下几个方面。

（1）零件的创新设计

逆向工程技术在产品或零件需要更新或新型号研制时起到了关键的作用。由于工业产品都是不断被消耗的，长年累月使用的零件产品经常会出现损坏，如航空发动机汽轮机组等的零部件，经常因为某零件的缺损而停止运行，通过逆向工程的手段，可以快速地生产这些零部件的替代零件，从而提高设备的利用率和使用寿命，这项技术已经被众多航空公司用于制造备用零部件。该技术能够利用现有少数零件生成精确数据，科研人员可以利用三维数据生成类似规格的产品，用于飞机、船舶零件的制造等。如图 1-2 所示是单缸电启动柴油机逆向工程的工作流程。

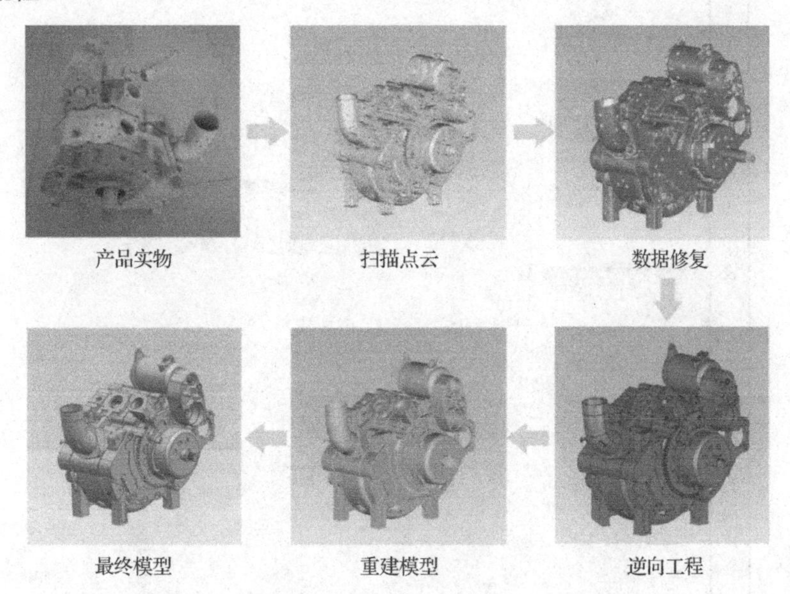

图 1-2　单缸电启动柴油机逆向工程的工作流程

（2）零件的制造误差测试

逆向工程还能对产品或零件进行误差检测。对加工后的零件进行三维扫描测量（如图 1-3 所示），然后用逆向工程构建 CAD 模型，通过该模型与原始设计的 CAD 模型进行数据比较，可以检测制造误差。通过该技术，能够实现产品的自动化精准测量。

图 1-3　零件三维扫描测量

如图 1-4 所示为一款逆向产品检验软件的检测过程。该检测过程是基于 Geomagic Control 软件对扫描数据进行误差测试，通过精准测量扫描制造零件，与 CAD 参考对象进行数据对齐、数据比较，从而实现对工业零件制造误差的评估，并生成相应的检测报告。

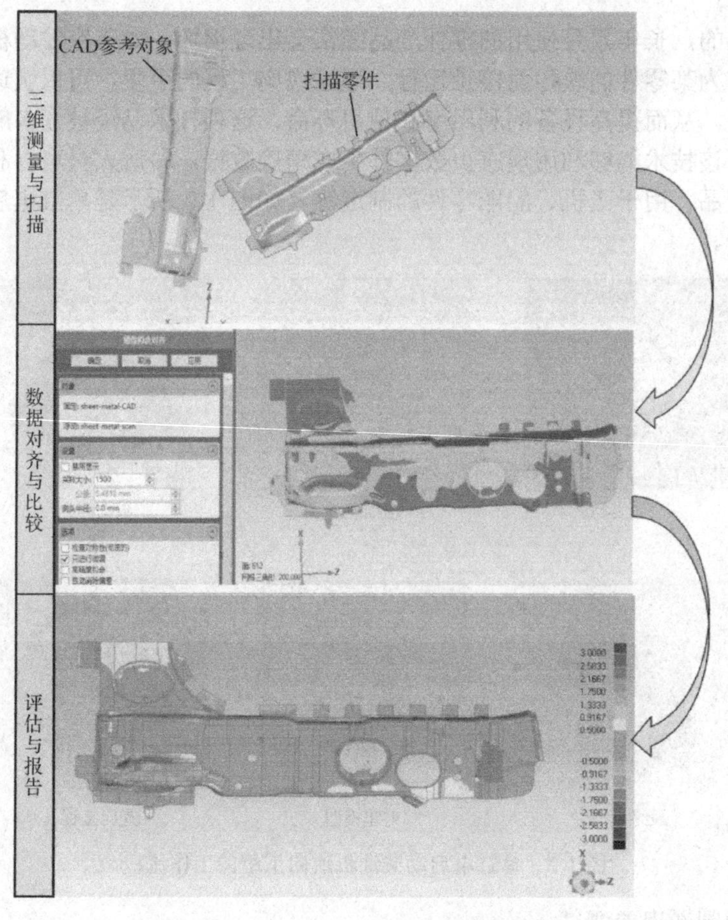

图 1-4　基于 Geomagic Control 软件对扫描数据进行误差测试

（3）需测试制品和图纸不完善产品的设计

当设计需要通过实验测试才能定型的工件模型时，通常采用逆向工程技术，比如航天、航空、汽车等领域，为了满足产品对空气动力学等的要求，首先要求在实体模型缩小的模型基础上经过各种性能测试，然后建立符合要求的产品模型。如图 1-5 所示是模型车的风洞测试，此类产品通常是由复杂的自由曲面拼接而成的，最终确认的实验模型必须借助逆向工程，转换为产品的三维 CAD 模型及其模具。

图 1-5　模型车的风洞测试

（4）零件的修复

为了满足生产需求，越来越多的复杂零件被研制了出来，但这也提升了零件修复难度，如果用传统方法测量，不仅需要花费较多时间，而且修复精度往往不尽如人意。而利用逆向工程技术可以解决这一难题，它能够快速而精确地测出零件误差，对局部磨损的复杂零件实现修复再造，节约了更换新零件的成本。如图 1-6 所示是零件检测与修复流程，通过对待修复零件与零件标准模型的对比，获取参数并进行修复和检测，实现复杂零件的快速修复。

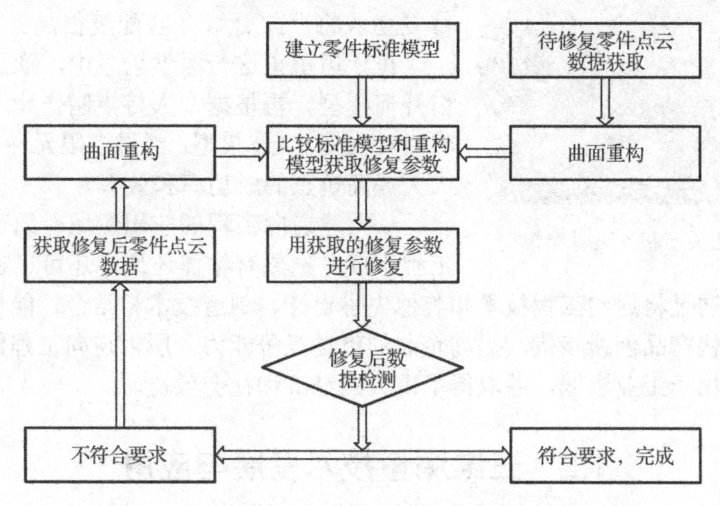

图 1-6　零件检测与修复流程

此外逆向工程也广泛应用于修复破损的文物、艺术品，或缺乏供应的损坏零件等。此时不需要复制整个零件，只是借助逆向工程技术抽取原来零件的设计思想，用于指导新的设计。

（5）美学领域的设计

在对产品外形的美学有特别要求的领域，为方便评价其美学效果，设计师广泛利用油泥、黏土或木头等材料进行快速地模型制作，将所要表达的意图以实体的方式展现出来，再根据该模型反求，可以快速准确地建立三维立体模型。如图 1-7 所示是对用黏土制作的工艺产品进行三维扫描，在获取产品点云数据后、进行反求获得的立体模型。

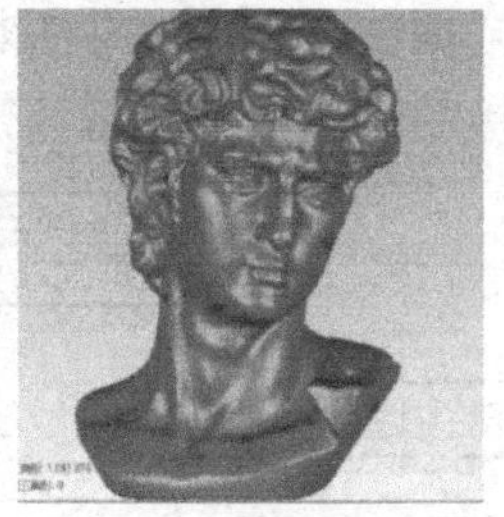

图 1-7　对用黏土制作的工艺产品进行三维扫描反求获得的立体模型

（6）医学领域

逆向工程技术在医学领域也有着广泛的应用。例如可以利用逆向工程技术对患者骨骼进行复制与修复。传统的人工骨骼打造方式很难与患者骨骼实现高精度吻合，患者使用时多少会感到不适。逆向工程技术通过精确算法和测量，对原骨骼进行复制再造，可以做到尺寸及外形完全一致，提升患者舒适度。通过定制人工关节和人工骨骼，可将重构的人工骨骼在植入人体后的不良影响大大降低。

图 1-8　定制人工关节和人工骨骼模型

定制人工关节和人工骨骼模型如图 1-8 所示，其利用逆向工程技术对患者原磨损骨骼进行复制再造，医生从“三维重建”后打印出来的髋关节立体模型中可以清晰地看出关节缺损情况，依据患者缺损部位的情况定制 3D 修复垫块。因此，患者原骨骼模型与 3D 修复垫块将严丝合缝，匹配度很高。

在牙齿矫正这一医学场景中，通过建立数字化牙齿几何模型，再根据个人特点制作牙模等医学产品，然后转化为 CAD 模型，经过有限元计算矫正方案，可大大提高矫正的成功率和效率。

从上述逆向工程的应用领域介绍可以看出，逆向工程不仅是把原有物体还原，还可以在还原的基础上进行二次创新。通过将逆向工程技术和其他先进设计、制造技术相结合，能够提高产品设计水平和效率，加快产品创新步伐，提高企业的市场竞争能力，所以逆向工程作为一种新的创新技术已广泛应用于工业领域，并取得了重大的经济和社会效益。

1.2　三维测量技术发展与应用

三维测量技术是指运用三维测量方法和设备，测量物体表面上的点在指定坐标系中的三维坐标，通过计算机把数据存储起来并实现可视化，从而将物体形状转换为离散的三维几何坐标数据的过程。依据测量过程中的不同特点，目前三维测量技术主要有以下三种分类方法：

（1）依据测量过程中是否利用光学相关原理，三维测量技术分为光学方法和非光学方法；

（2）依据测量过程中是否使用投影辅助设备，三维测量技术分为被动方法和主动方法；

（3）依据测量过程中是否存在对被测物体表面进行触碰，三维测量技术分为接触式方法和非接触式方法。

如图 1-9 所示是依据第三种分类方法对三维测量技术进行的分类。随着光学和电子信息技术的发展，目前非接触式光学三维测量技术已逐渐成为主流。

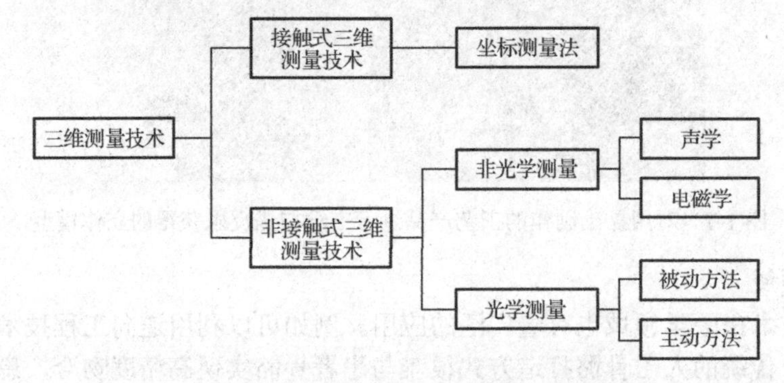

图 1-9　第三种分类方法对三维测量技术的分类

1.2.1 接触式三维测量技术

接触式三维测量技术是指通过物理方式接触并探测三维物体表面来测量和重建三维模型的一种技术，三坐标测量机是接触式三维测量技术的主要运用（如图 1-10 所示）。三坐标测量机的工作原理是使用传感器监视探针的位置，当探针与物体表面上的离散点接触时，测量该点的位置，接着探针移动到另一个离散点，直到所有应测的点都被测量为止。三坐标测量机的测量精度很高，可以达到微米级，且对被测物体的纹理、颜色和材质无要求，但其测量速度较慢、造价昂贵、对使用环境要求较高，易于损伤探针或划伤被测物体，并且难以检测具有复杂内部型腔的工件。

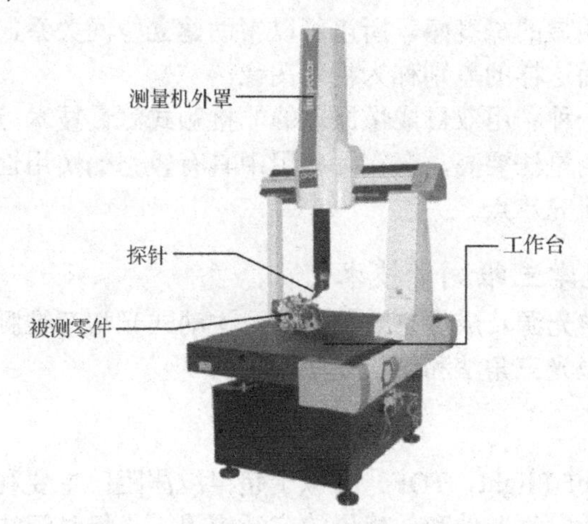

图 1-10　三坐标测量机

1.2.2 非接触式三维测量技术

非接触式三维测量技术是指将客观世界的三维物体利用相关技术在二维相关探测器平面上成像。非接触式测量方法通过声音、电磁和光等作用于物体，进而获得其表面的信息。由于光学中的各种原理和方法易于实现且精度和效率较高，同时随着高性能光源和成像设备的发展，光学方法在这一领域中处于领先地位，应用最为广泛。在光学方法中根据是否需要特定的光源进行照明，又可分为被动式和主动式两种，具体分类方法如图 1-11 所示。

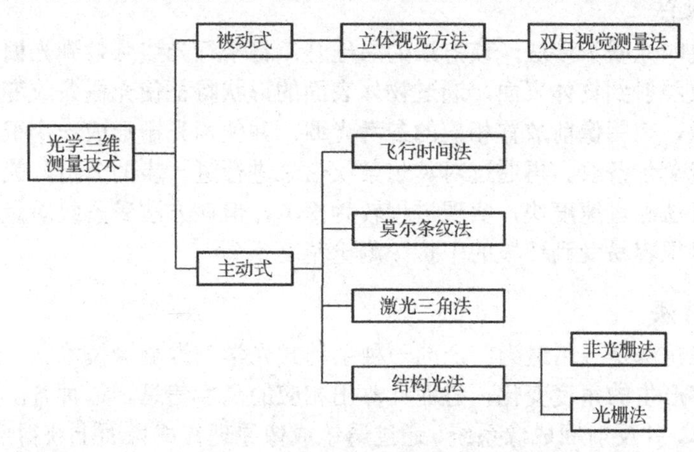

图 1-11　光学三维测量技术分类

1.2.2.1 被动式光学三维测量技术

被动式光学三维测量技术不需要额外的特殊光源，此方法的关键技术是在不同探测器采集的信息中找到对应的特征点。典型的代表是立体视觉方法中的双目视觉测量法，其原理是利用两个或多个相机从不同位置和角度同时对物体进行图像信息采集，使同一目标点在多个图像的各自坐标处成像，然后分析各视图找到对应的图像特征点，最后利用视差原理和视图的对应关系计算出求解点的空间坐标位置，以实现目标的三维测量。

目前双目视觉测量法已经成为计算机视觉技术的主要形式，它是在视差原理的基础上，从不同的位置在物体的表面获取相应的图像信息，并且借助于图像信息来找到不同点之间的位置偏差，最终精确地获取到物体的三维立体信息。另外，它结合两只眼睛同时来完成物体的观察，能够得到一种明显的深度感，所以可以帮助建立空间关系，将同一物体在空间上的不同点相互对应起来，而这样的差别称为视差图像。

双目视觉测量法是一种利用双目成像原理的非接触式测量技术，这种方法测量速度较快，而且精度也比单目视觉测量法要高，在实际应用中具有较强的实用性，目前已经成为国内外制造行业中测量方法的研究热点。

1.2.2.2 主动式光学三维测量技术

根据使用的具体光学光源及成像方式的不同，主动式光学三维测量技术主要包括：飞行时间法、莫尔条纹法、激光三角法和结构光法四种。

1. 飞行时间法

飞行时间法（Time of Flight，TOF）类似于超声波测距，主要利用激光光束在空间传播时间进行测量。随着光学发射器件和传感器的广泛应用，飞行时间法是目前最具商业价值的主动式光学三维测量技术之一，例如，Microsoft Kinect 2.0 使用 TOF 技术，将不可见的红外光发射器和传感器用于探测对象的位置及运动姿态，该设备通过手势即可实现人机交互。TOF 技术的原理是发射器将调制光投射到物体上，通过传感器对经物体表面而返回的光进行采集，计算从发射器发出到传感器接收到光的传播时间，从而可以将物体的深度信息传递出来。但由于光速非常快，会存在深度测量精度不高的问题。飞行时间法的原理简单，同时能避免阴影和遮挡等，但要求测量精度高的话，对光电检测器件的响应时间及处理速度是有着极高要求的。

2. 莫尔条纹法

莫尔条纹法也叫光栅干涉法，该方法的原理是：将平行光线照射到光栅之后，变成条纹形状，将光栅条纹照射到物体表面，通过物体表面的形状特征使光栅条纹变形。通过透镜获得变形条纹的图像，在图像前放置相应的参考光栅，并使两光栅形成一个很小的夹角，利用光栅干涉原理形成莫尔条纹。再通过对莫尔条纹信息进行进一步的分析，就能得到被测物体的高度信息。该方法测量速度快，实现过程较为简单，但该方法受条纹质量和图像处理算法等条件的限制，且很容易受到环境的干扰，测量精度不高。

3. 激光三角法

目前，激光三角法是应用最为广泛的一种主动式光学三维测量技术。它通过检测被测点与光学基准线偏移产生的角度变化，进而计算出相应的高度信息。这种方法利用点光源或线光源照射被测物体，并反射回成像系统，通过透镜成像原理在成像面上获得反射回来的光点。

根据物点和像点位移的关系计算出被测物体位移的变化。这种方法的采样频率高、测量速度快，可以实现动态扫描测量。

由于激光三角法利用光学中的三角检测原理来实现物体三维测量，故可分为点扫描和线扫描两种扫描方式。激光点扫描法采用单激光束投射一个光点到被测物体表面，在另一端用相机接收反射的激光束，得到光点的位置，根据激光光束、相机和被测物体之间的空间三角关系得到光点的三维坐标，激光点扫描法的原理如图 1-12 所示。

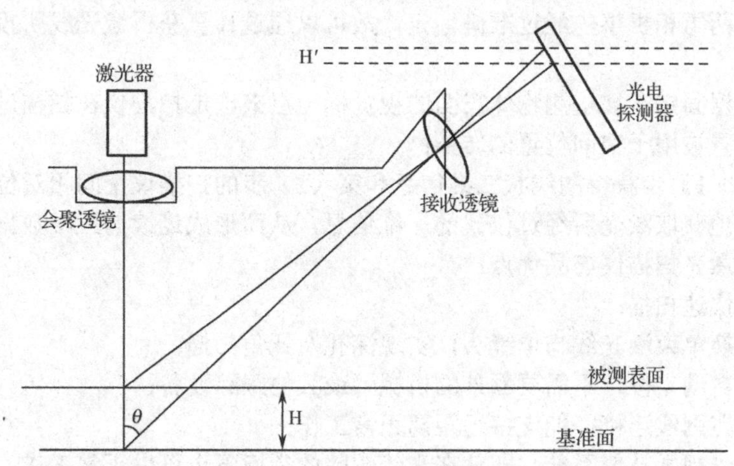

图 1-12　激光点扫描法的原理

激光点扫描法的原理图由六部分组成，包括激光器、会聚透镜、被测表面、基准面、接收透镜和光电探测器。激光器发射光线通过会聚透镜形成垂直光，激光器到基准面的距离固定，将光电探测器到接收透镜的距离和角度固定，利用漫反射光到接收透镜的三角形相似，进而可以求出 H 的距离。

三维激光扫描仪即采用了激光三角法原理。手持式三维激光扫描仪如图 1-13 所示，该激光扫描仪工作时采用多条线束激光来获取物体表面的三维点云，操作者将设备握在手上，可以实时调整仪器与被测物体之间的距离和角度，操作灵活方便、简单易学。在扫描大体积物体时，可以配合全局摄影测量系统，消除累计误差，提高全局扫描的精度。该扫描仪可以方便携带到工业现场或者生产车间，并根据被扫描物体的大小、形状以及扫描的工况环境进行高效精确的扫描。

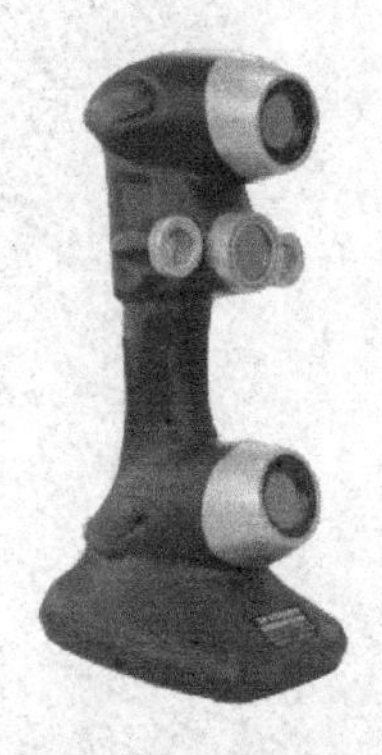

图 1-13　手持式三维激光扫描仪

手持式三维激光扫描仪是一种十分准确、快速且操作简单的仪器，可装置于生产线，作为边生产边检验的仪器，其基本结构包含激光光源及扫描器、光感检测器、控制单元等部分。激光光源为密闭式，不易受环境的影响，且容易形成光束，常采用低功率的可见光激光，如氦氖激光、半导体激光等，而扫描器为双面镜，当光束射入扫描器后，即可快速转动使激光反射成一个扫描光束。在光束扫描全程中，若有工件就会挡住光线，因此可以测知工件大小。

手持式三维激光扫描仪的工作原理：

（1）仪器上的两组相机可以分别获得投影到被扫描对象上的激光，该激光随对象形状发生变形，由于这两组相机事先经过准确标定，故可以通过计算获得激光线所投影的线状三维信息；

（2）仪器根据固定在被检测物体表面的视觉标记点来确定扫描仪在扫描过程中的空间位置，这些空间位置被用于空间位置的转换；

（3）利用第（1）步获得的线状三维信息和第（2）步的扫描仪空间相对位置，当扫描仪移动时，可不断地获取激光所经过位置的三维信息，从而形成连续的三维数据。

手持式三维激光扫描仪产品优点：

（1）可实现快速扫描；

（2）可以切换单束激光线与单镜头，实现深孔及死角扫描；

（3）目标点自动定位，不需要额外的机械臂或其他跟踪设备；

（4）采用千兆网线连接，能支持远距离正常工作；

（5）具备白光视觉补偿系统，即使在光线较暗的环境下也可以正常工作；

（6）点云无分层，自动生成三维实体图形；

（7）三维数据自动生成 STL 三角网格面，利用 STL 格式可实现对数据的快速处理；

（8）可内、外扫描，也可在狭窄的空间扫描，如飞机驾驶舱，汽车内部仪表板等。同时，可采用多台扫描设备同时工作（扫描），所有的数据都在同一个坐标系中，无须后期拼接。

目前手持式三维激光扫描仪已广泛应用于汽车整车及配件、航空航天船舶、轨道交通、机械设计及制造、家居家装、建筑文物、教育科研等行业。利用手持式三维激光扫描仪进行大型铸件检测的工业场景如图 1-14 所示。

图 1-14　手持式三维激光扫描仪的应用——大型铸件检测

4. 结构光法

在物体的三维测量方法中，结构光法是一种常见的非接触式测量技术。由于其具有测量精度高、测量速度快，同时成本较低等特点，被认为是目前最为实用的三维测量技术之一。

结构光法是利用辅助结构光照明获得物体三维图像的技术。结构光法被视为对立体视觉法的改进，它将立体视觉系统中的一个相机用光源取代，光源将生成的特殊图案投射到物体上，从采集到的信息中可提取出相应的人工特征，进而轻松解决立体视觉中的特征点少、难匹配等问题。

结构光法的测量原理是：将正弦光栅条纹图案投影到物体的漫反射表面上，因为物体表面的高度不同，所以从另一个方向观察投影的条纹图案，就可以得到变形的光栅图像。利用成像装置拍摄包含物体高度信息的变形条纹图像，然后从这些条纹图像中提取条纹的相位信息，再将条纹的相位值与参考平面的相位值进行比较，从而可以得出实际条纹与参考面之间的相位差，并利用相位与高度的关系就可以获取物体三维坐标，从而实现物体的三维测量。

根据投影结构光的不同类型，通常可以将结构光分为点结构光、线结构光、面结构光三种类型，其中，面结构光最为常见。

（1）点结构光

点结构光法是利用点光源进行测量的方法，其采用的是三角法测量原理。点光源的发射方向是不变的，将一束光照射在物体的表面上，反射点由相机拍摄。点结构光每次仅能处理一点，因而速度较慢。通常一些测量设备使用很多点光源组成点阵来对物体的整个表面进行测量，但其测量分辨率受到点光源数量的限制，要想提高分辨率就必须增加点光源的数量。

（2）线结构光

线结构光法通过将线型光源投射到物体表面上，每投射一条线型光源，便可得到一个截面的二维轮廓信息。通过线光源的运动扫描能够生成物体的三维轮廓数据。由于线结构光对截面上的所有点同时进行处理，从而加快了测量速度，因此目前激光三维扫描仪普遍采用线结构光进行测量。为了进一步提高扫描效率，还出现了多线结构光的测量技术，其环境适应性较强，适合于生产现场测量。

（3）面结构光

面结构光法又称为编码结构光法，它是在多线结构光的基础上，为了解决多条纹图像中不同条纹的定位和匹配问题而产生的另一种结构光法。面结构光法通过投射光栅条纹图案并进行拍摄，能够获取物体整个表面的三维轮廓数据，大大提高了测量速度，同时具有较高的空间分辨率，能够获得较为精确的测量结果。

1.2.3 三维测量技术比较

表 1-1 是从测量精度、测量速度、测量成本和应用领域四个方面对各种三维测量技术的优缺点进行了分析比较。

表 1-1 三维测量技术的比较

三维测量技术	测量精度	测量速度	测量成本	应用领域
三坐标测量机	★★★★★	★	高	工业检测
双目视觉测量法	★★★★	★★★★	较高	计算机视觉

续表

三维测量技术	测量精度	测量速度	测量成本	应用领域
飞行时间法	★★★	★★★	较高	智能机器人 磁共振血管造影 自动驾驶 地形探测
莫尔条纹法	★★	★★★★	较低	光栅位移测量 精密测量与定位 质量检测
激光三角法	★★★★	★★★	高	工业设计 逆向工程
结构光法	★★★★	★★★★	较低	工业检测 逆向工程 3D打印

从表1-1可以看出，各种三维测量技术优缺点各异，其应用领域也各有侧重。其中，结构光法中的面结构光测量技术因其具有非接触、分辨率高、精度高、测量速度较快、易于工程化等优点，现已成为三维测量领域最热的研究方向，本书将在第2章和第3章重点介绍三维测量基本模型、标定方法和面结构光三维测量技术原理和测量方法。

第 2 章　三维测量技术原理

2.1　三维测量系统基本模型

2.1.1　相机线性模型

相机线性模型可以简化为摄像镜头成像几何模型，如果将相机镜头等效为薄透镜，并令薄透镜的孔径无限趋于零，则相机的成像过程类似于小孔成像，我们称此类相机模型为针孔成像模型（如图 2-1 所示），或称为相机线性模型。

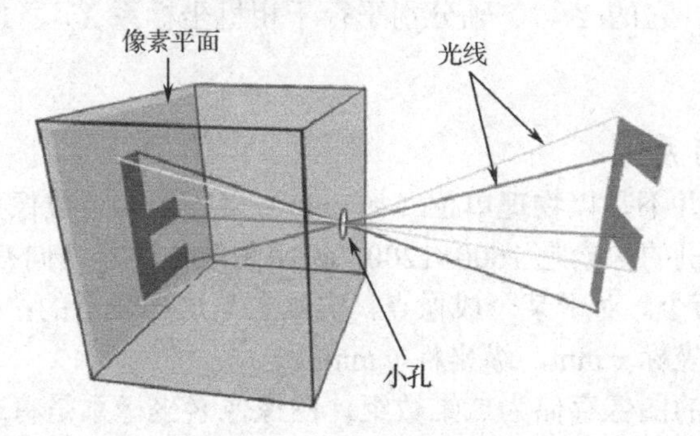

图 2-1　针孔成像模型

但是，真正的光学镜头并不等同于理想的光学成像系统，还需要考虑相机的镜头畸变，我们称此类模型为畸变模型，或称为相机非线性模型。

如图 2-2 所示为相机线性模型示意图，为了研究方便，建立模型时需将成像面翻转到相机透镜和成像物体之间得到正的图像。

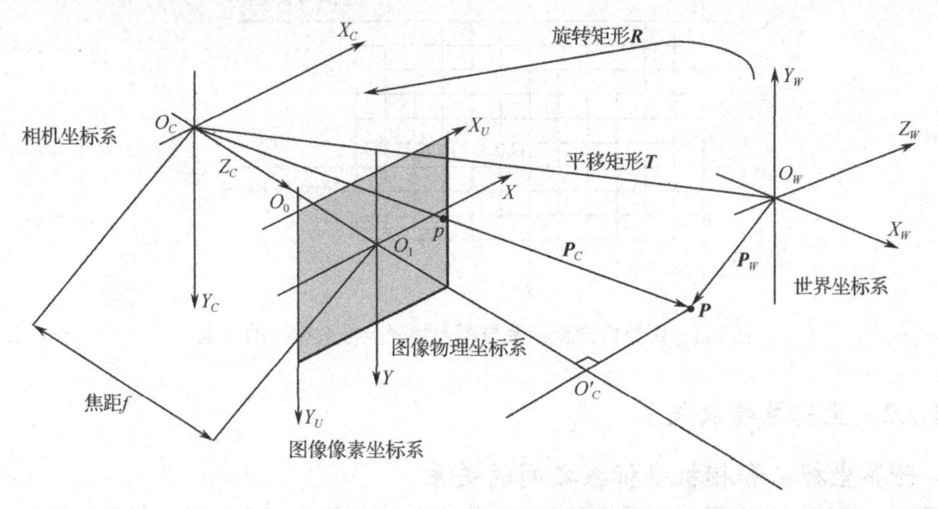

图 2-2　相机线性模型示意图

2.1.1.1 坐标系定义

由图 2-2 可知，相机线性模型中拥有四个坐标系，分别是：世界坐标系、相机坐标系、图像物理坐标系、图像像素坐标系。

1. 世界坐标系

在相机线性模型中，选择一个基准坐标系描述真实环境中物体的位置信息，该坐标系称为世界坐标系，用 $O_W - X_W Y_W Z_W$ 表示。

2. 相机坐标系

以相机模型的聚焦中心 O_C 为原点（即相机的光心），以穿过光心 O_C 的光轴为 Z_C 轴的直角坐标系称为相机坐标系，用 $O_C - X_C Y_C Z_C$ 表示。

3. 图像物理坐标系

物体成像后，光轴 Z_C 与图像平面垂直。光轴与图像平面的交点，即为图像物理坐标系的原点 O_1（又称为主点），它的 X 、Y 轴分别平行于相机坐标系 X_C 、Y_C 轴。图像物理坐标系通常用 $O_1 - XY$ 表示。

4. 图像像素坐标系

在实际的相机中，并不是以物理单位（如 mm）来表示某个成像点的位置的，而是用像素的索引。比如一台相机的像素是 1600×1200，说明图像传感器横向有 1600 个捕捉点，纵向有 1200 个，合计 192 万个。对于某个成像点，实际上是这样表示的：横坐标第 u 个点，纵坐标第 v 个点（而不是横坐标 x mm，纵坐标 y mm）。

因此，将相机采集的图像存储为二维数组，图像像素坐标系是将二维图像平面的左上角点化为坐标原点 O_0，每个像素坐标点代表二维图像所在矩阵的行和列，图像像素坐标系通常用 $O_0 - X_U Y_U$ 表示。图像像素坐标系与图像物理坐标系模型的关系如图 2-3 所示。由图可知，图像像素坐标系的 X_U 、Y_U 轴分别平行于相机坐标系 X_C 、Y_C 轴和图像物理坐标系 X 、Y 轴，主点 $O_1(x_{U0}, y_{U0})$ 是图像物理坐标系的原点在图像像素坐标系下的坐标值。

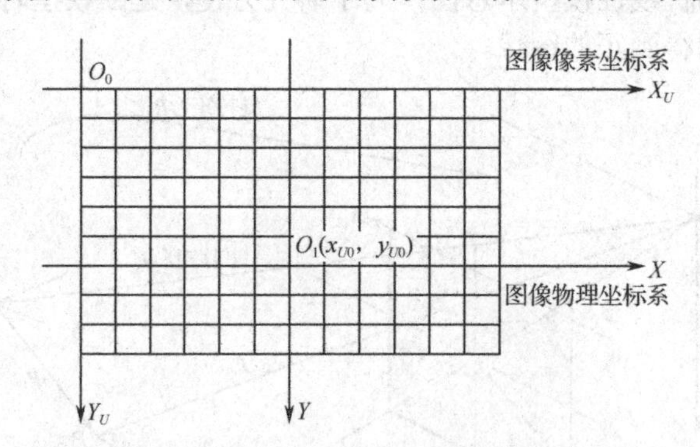

图 2-3　图像像素坐标系与图像物理坐标系模型的关系

2.1.1.2 坐标系转换关系

1. 世界坐标系和相机坐标系之间的关系

如图 2-2 可知，将世界坐标系平移和旋转可转化为相机坐标系，数学模型如下：

$$P_C = R(P_W - T) \tag{2-1}$$

其中：

$$R = \begin{bmatrix} R_1 \\ R_2 \\ R_3 \end{bmatrix} = \begin{bmatrix} R_{11} & R_{12} & R_{13} \\ R_{21} & R_{22} & R_{23} \\ R_{31} & R_{32} & R_{33} \end{bmatrix}, T = \begin{bmatrix} T_1 \\ T_2 \\ T_3 \end{bmatrix} \tag{2-2}$$

$\boldsymbol{P}_C = (x_C, y_C, z_C)$ 是空间中的任意一点 P 在相机坐标系下的向量，$\boldsymbol{P}_W = (x_W, y_W, z_W)$ 是点 P 在世界坐标系下的向量。$\boldsymbol{T}$ 是平移矩阵，T_1、T_2、T_3 表示世界坐标系沿相机坐标系的 X_C、Y_C、Z_C 轴平移的长度。$\boldsymbol{R}$ 是旋转矩阵，$\boldsymbol{R}_i(i=1,2,3)$ 是行向量，表示世界坐标系绕相机坐标系的 X_C、Y_C、Z_C 轴旋转的角度。

2. 相机坐标系与图像物理坐标系之间的关系

由图 2-2 可知，相机坐标系 $X_C O_C Y_C$ 平面和图像物理坐标系 XO_1Y 平面平行，Z_C 轴经过图像物理坐标系的主点 O_1 并垂直平面 XO_1Y，$O_C O_1$ 之间的距离为相机焦距 f。

空间中的任意一点 P 在相机坐标系下的向量 $\boldsymbol{P}_C = (x_C, y_C, z_C)$ 映射到二维像平面上的点 p，其图像物理坐标系矢量表示为 $\boldsymbol{p} = (x, y)$。由于 $\Delta P O_C O_C'$ 与 $\Delta p O_C O_1$ 相似，故对应边成比例可得：

$$\begin{cases} \dfrac{x}{x_C} = \dfrac{f}{z_C} \\ \dfrac{y}{y_C} = \dfrac{f}{z_C} \end{cases} \Rightarrow \begin{cases} x = f\dfrac{x_C}{z_C} \\ y = f\dfrac{y_C}{z_C} \end{cases} \tag{2-3}$$

式（2-3）表示相机坐标系与图像物理坐标系之间的转换关系。

3. 图像像素坐标系与图像物理坐标系之间的关系

空间中的任意一点 P 在图像物理坐标系中的矢量表示为 $\boldsymbol{p} = (x, y)$，在图像像素坐标系中的矢量表示为 $\boldsymbol{p}_U = (x_U, y_U)$，由图 2-3 可知，两坐标系之间的关系表示为：

$$\begin{cases} x_U = \dfrac{x}{d_x} + x_{U0} \\ y_U = \dfrac{y}{d_y} + y_{U0} \end{cases} \tag{2-4}$$

其中，主点 $O_1(x_{U0}, y_{U0})$ 是图像物理坐标系的原点在图像像素坐标系下的坐标值，d_x、d_y 表示每一个像素在 X、Y 轴方向上的物理尺寸。

4. 相机坐标系与图像像素坐标系的关系

将式（2-3）代入式（2-4）中可得到相机坐标系与图像像素坐标系的转换关系，结果如下：

$$\begin{cases} x_U = \dfrac{f x_C}{d_x z_C} + x_{U0} \\ y_U = \dfrac{f y_C}{d_y z_C} + y_{U0} \end{cases} \tag{2-5}$$

令

$$\alpha_x = \frac{f}{d_x}, \alpha_y = \frac{f}{d_y} \tag{2-6}$$

可得

$$\begin{cases} x_U = \alpha_x \dfrac{x_C}{z_C} + x_{U0} \\ y_U = \alpha_y \dfrac{y_C}{z_C} + y_{U0} \end{cases} \tag{2-7}$$

其中，α_x、α_y 分别定义了 X、Y 轴方向上的等效焦距。

5. 世界坐标系与图像像素坐标系的关系

式（2-1）$\boldsymbol{P}_C = \boldsymbol{R}(\boldsymbol{P}_W - \boldsymbol{T})$ 表示世界坐标系与相机坐标系之间的关系，将其展开可得：

$$\boldsymbol{P}_C = \boldsymbol{R}(\boldsymbol{P}_W - \boldsymbol{T}) = \begin{bmatrix} \boldsymbol{R}_1 \\ \boldsymbol{R}_2 \\ \boldsymbol{R}_3 \end{bmatrix} \begin{bmatrix} \boldsymbol{P}_W - \boldsymbol{T} \end{bmatrix} = \begin{bmatrix} \boldsymbol{R}_1(\boldsymbol{P}_W - \boldsymbol{T}) \\ \boldsymbol{R}_2(\boldsymbol{P}_W - \boldsymbol{T}) \\ \boldsymbol{R}_3(\boldsymbol{P}_W - \boldsymbol{T}) \end{bmatrix} = \begin{bmatrix} x_C \\ y_C \\ z_C \end{bmatrix} \tag{2-8}$$

由此可得：

$$\begin{cases} x_C = \boldsymbol{R}_1(\boldsymbol{P}_W - \boldsymbol{T}) \\ y_C = \boldsymbol{R}_2(\boldsymbol{P}_W - \boldsymbol{T}) \\ z_C = \boldsymbol{R}_3(\boldsymbol{P}_W - \boldsymbol{T}) \end{cases} \tag{2-9}$$

将式（2-9）代入式（2-7）中可得到世界坐标系与图像像素坐标系的关系表达式如下：

$$\begin{cases} x_U = \alpha_x \dfrac{\boldsymbol{R}_1(\boldsymbol{P}_W - \boldsymbol{T})}{\boldsymbol{R}_3(\boldsymbol{P}_W - \boldsymbol{T})} + x_{U0} \\ y_U = \alpha_y \dfrac{\boldsymbol{R}_2(\boldsymbol{P}_W - \boldsymbol{T})}{\boldsymbol{R}_3(\boldsymbol{P}_W - \boldsymbol{T})} + y_{U0} \end{cases} \tag{2-10}$$

为了便于几何变换（旋转、缩放、平移），用齐次坐标表示式（2-10），即可将变换矩阵的乘法（旋转、缩放）和加法（平移）合并到一块。

式（2-10）用齐次坐标系表示为：

$$\begin{cases} x_{Uh} = x_U \boldsymbol{R}_3(\boldsymbol{P}_W - \boldsymbol{T}) = \alpha_x \boldsymbol{R}_1(\boldsymbol{P}_W - \boldsymbol{T}) + x_{U0}\boldsymbol{R}_3(\boldsymbol{P}_W - \boldsymbol{T}) \\ y_{Uh} = y_U \boldsymbol{R}_3(\boldsymbol{P}_W - \boldsymbol{T}) = \alpha_y \boldsymbol{R}_2(\boldsymbol{P}_W - \boldsymbol{T}) + y_{U0}\boldsymbol{R}_3(\boldsymbol{P}_W - \boldsymbol{T}) \\ z_{Uh} = \boldsymbol{R}_3(\boldsymbol{P}_W - \boldsymbol{T}) \end{cases} \tag{2-11}$$

将式（2-11）表示为矩阵形式：

$$\boldsymbol{p}_{Uh} = \begin{bmatrix} x_{Uh} \\ y_{Uh} \\ z_{Uh} \end{bmatrix} = \begin{bmatrix} \alpha_x & 0 & x_{U0} \\ 0 & \alpha_y & y_{U0} \\ 0 & 0 & 1 \end{bmatrix} \begin{bmatrix} \boldsymbol{R}_1(\boldsymbol{P}_W - \boldsymbol{T}) \\ \boldsymbol{R}_2(\boldsymbol{P}_W - \boldsymbol{T}) \\ \boldsymbol{R}_3(\boldsymbol{P}_W - \boldsymbol{T}) \end{bmatrix} = \begin{bmatrix} \alpha_x & 0 & x_{U0} \\ 0 & \alpha_y & y_{U0} \\ 0 & 0 & 1 \end{bmatrix} \begin{bmatrix} \boldsymbol{R}_1 & -\boldsymbol{R}_1\boldsymbol{T} \\ \boldsymbol{R}_2 & -\boldsymbol{R}_2\boldsymbol{T} \\ \boldsymbol{R}_3 & -\boldsymbol{R}_3\boldsymbol{T} \end{bmatrix} \begin{bmatrix} \boldsymbol{P}_W \\ 1 \end{bmatrix} \tag{2-12}$$

令

$$\boldsymbol{M}_i = \begin{bmatrix} \alpha_x & 0 & x_{U0} \\ 0 & \alpha_y & y_{U0} \\ 0 & 0 & 1 \end{bmatrix} \tag{2-13}$$

$$M_e = \begin{bmatrix} \boldsymbol{R}_1 - \boldsymbol{R}_1\boldsymbol{T} \\ \boldsymbol{R}_2 - \boldsymbol{R}_2\boldsymbol{T} \\ \boldsymbol{R}_3 - \boldsymbol{R}_3\boldsymbol{T} \end{bmatrix} \tag{2-14}$$

$$\boldsymbol{P}_{Wh} = \begin{bmatrix} \boldsymbol{P}_W \\ 1 \end{bmatrix} \tag{2-15}$$

$$\boldsymbol{M} = \boldsymbol{M}_i\boldsymbol{M}_e \tag{2-16}$$

由式（2-12）可得如下表达式：

$$\boldsymbol{P}_C = \boldsymbol{M}_e\boldsymbol{P}_{Wh} \tag{2-17}$$

$$\boldsymbol{P}_{Uh} = \boldsymbol{M}_i\boldsymbol{P}_C \tag{2-18}$$

$$\boldsymbol{P}_{Uh} = \boldsymbol{M}\boldsymbol{P}_{Wh} \tag{2-19}$$

式（2-18）中，$\boldsymbol{M}_i$完全与α_x、α_y、x_{U0}、y_{U0}决定的相机内部结构（如焦距、光心）有关，称为相机内部参数矩阵；$\boldsymbol{M}_e$完全由相机相对于世界坐标系的方位（如摆放位置和拍摄角度）决定，称为相机外部参数矩阵。投影矩阵$\boldsymbol{M}$则由相机内部参数和外部参数共同决定。

确定某一相机的内部和外部参数，就被称为相机标定，很多情况下的相机标定仅指确定相机的内部参数。当相机的内外部参数都已知时，即确定了投影矩阵$\boldsymbol{M}$，如果空间中任意点P的坐标为$P_{Wh}(x_w, y_w, z_w, 1)$，代入式（2-19）和式（2-10）即可求出它在二维像平面上的坐标$p_U(x_U, y_U)$。

如果已知某空间点在相机图像中的位置和投影矩阵，则不能唯一确定其空间位置。在式（2-19）中，投影矩阵$\boldsymbol{M}$是3×4的不可逆矩阵，已知$\boldsymbol{M}$和$p_U(x_U, y_U)$同时，相机内部参数α_x、α_y、x_{U0}、y_{U0}已知，由式（2-10）可得到关于(x_W，y_W，z_W)的两个线性方程，这两个线性方程即组成射线O_CP的方程，也就是投影点为p的所有点都在射线O_CP上。

由图 2-2 可以看出，当已知图像点p时，任何位于射线O_CP上空间点的图像点都是点p，空间点是不能唯一确定的。

因此，为了区分投影点相同的、位于同一条射线上的不同点，将式（2-19）写成如下形式：

$$s\boldsymbol{P}_{Uh} = \boldsymbol{M}\boldsymbol{P}_{Wh} \tag{2-20}$$

其中，s是一个尺度因子，取值不同即代表射线上的不同点，而式（2-19）可以看作是$s=1$的特例。

2.1.2 相机非线性模型

由于相机的光学成像系统在生产制作加工及装备过程中会产生误差，这使得空间点在相机成像平面上的实际成像点与理论成像点之间存在偏差，这种偏差称为相机镜头光学畸变偏差。所以，真正的相机光学成像系统并不等同于理论成像系统，即相机线性模型忽略了镜头畸变，就不能准确地描述实际成像系统的几何关系。因此，后来人们引入了相机非线性模型，对相机镜头畸变进行建模。

如图 2-4 所示，相机镜头畸变模型主要包括：径向畸变和切向畸变。其中径向畸变会使相机镜头产生径向偏差，切向畸变使相机镜头产生切向偏差。

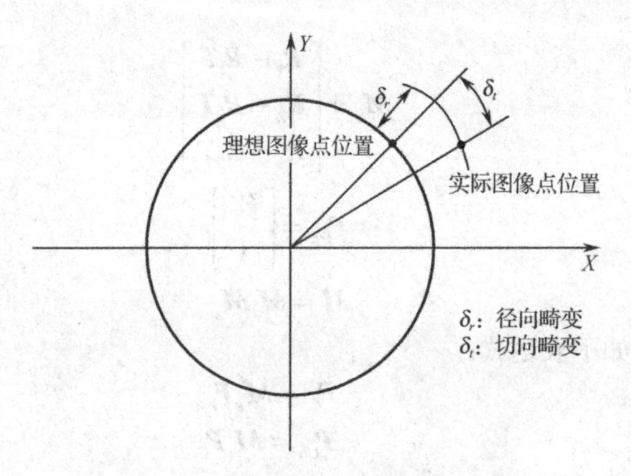

图 2-4　相机径向畸变与切向畸变

径向畸变是由于相机镜头形状不满足理论成像系统要求导致的，其关于主光轴对称分布，使得实际像点与理论像点仅在径向出现偏差，经过光轴投影到像面上的光线仍然是直线，只是变长或者变短了。如果直线变长，实际像点沿径向偏离向外称为枕形畸变；相反，如果直线变短，实际像点沿径向偏离向里，称为桶形畸变。图 2-5 是这两种畸变的直观图。

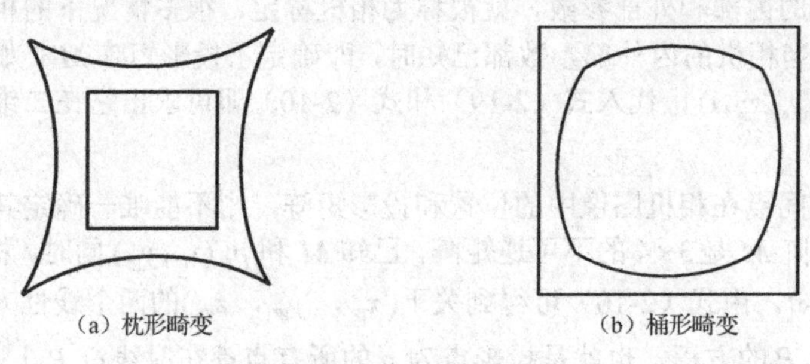

图 2-5　径向畸变

切向畸变主要是由于相机镜头组的成像不在同一直线上导致的，这使得实际成像点相对理论成像点不但产生径向偏差，而且还产生切向偏差，如图 2-6 所示。

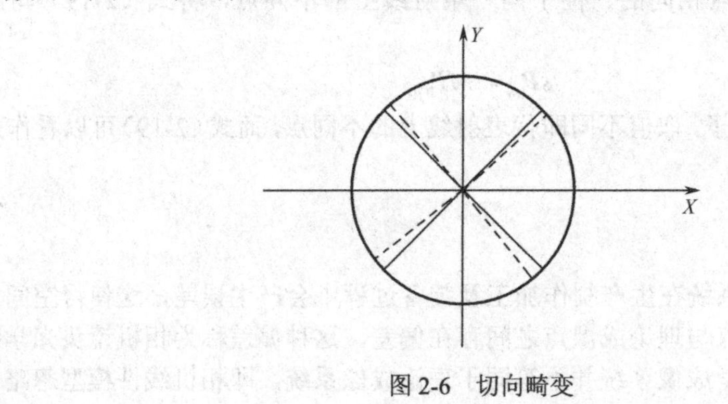

图 2-6　切向畸变

2.2　三维测量系统标定方法

投影仪投出具有一定规律的光栅条纹，光栅条纹经被测物体高度调制后发生形变，相机采集这些发生形变条纹的二维图像，通过对这些二维图像的计算恢复出物体的三维信息，包括被测物体的形状、姿态和位置等。而物体的三维信息与二维图像之间的关系由相机成像几何模型参数决定，且这些参数必须通过计算和实验来确定，我们将计算和实验的过程称为相机标定。因此，相机标定就是确定相机内参和外参的过程，其方法总体上可分为两大类：传统相机标定方法和相机自标定方法。传统相机标定方法是利用标定块实现对相机的标定，此方法对相机机型没有限制，并且具有标定精度高的优点。传统相机标定方法主要包括：直接线性变化法、透视变换法、张正友平面法、双平面法等。与传统相机标定法相比，相机自标定方法则不需要标定块，只需求解多幅相邻图像中标志点之间的关系，从而实现对相机的标定。相机自标定方法非常灵活，但是此标定方法的鲁棒性较差，标定精度较低。另外，由于相机自标定是通过在相邻多幅图像进行比较计算实现标定的，故其标定的计算过程较为复杂，而且未知参数太多，难以得到稳定的结果。因此本书采用传统相机标定方法。微软研究院的研究人员张正友提出了基于标定板平面运动的新型相机标定方法，该方法解决了传统标定方法操作过程烦琐的问题，并提高了标定的精度。因此，本书主要介绍张正友的平面标定法。

在标定原理上，张正友提出了基于 2D 平面棋盘格靶标（如图 2-7 所示）的相机标定方法。在此方法中要求相机在两个以上不同的方位拍摄同一个平面靶标，相机和 2D 平面靶标可以自由地移动且不需要知道运动参数。在标定的过程中，不论相机以任何角度拍摄靶标，都假设相机内部参数不变，只有外部参数发生了变化。

图 2-7　棋盘格靶标

图 2-8 描述了张正友平面标定法中世界坐标系、相机坐标系和二维图像坐标系之间的位置关系。

张正友平面标定法的主要步骤如下。

第一步：选取具有网格状的平面标定模板，令标定模型中网格之间的交叉点为标定特征点。

第二步：利用相机采集多幅具有不同角度的标定模板图像。

第三步：利用图像处理算法，提取相机所采集图像中的标定特征点，获取标定特征点的二维图像坐标。

第四步；根据标定特征点在世界坐标系下的三维坐标和其在成像平面上的二维图像坐标算出相机内外部参数。

第五步：对估算出的相机内外部参数进行非线性优化。

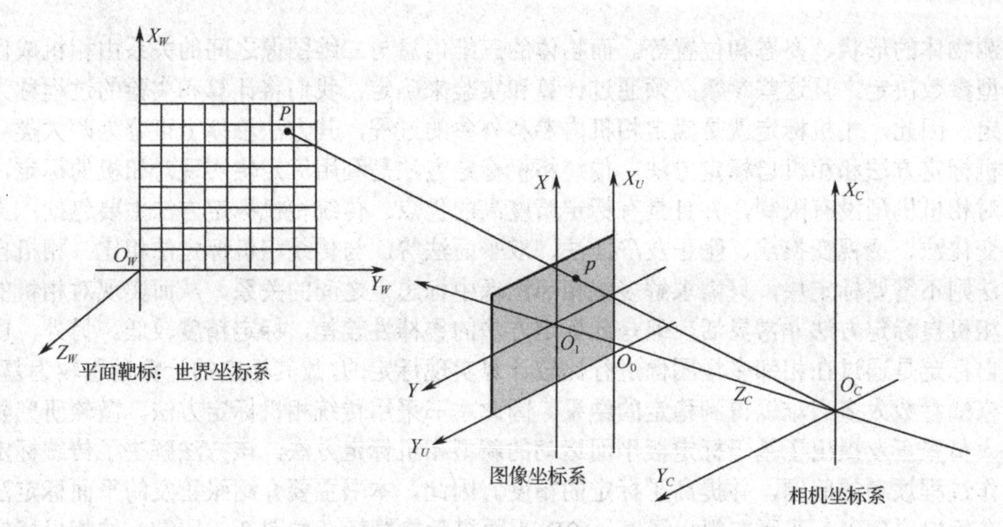

图 2-8　张正友平面标定法的标定模型

第3章　面结构光三维测量原理

3.1　面结构光编码方式

按照投影图像的编码方式，面结构光编码方式一般分为时间编码、空间编码和直接编码三种（如图3-1所示），而编码图案的编码方法将直接影响测量精度和速度。时间编码是指依据时间的先后一幅幅地投射许多图像，每一次投射的图像针对各像素创造一个码字，因而出现了一个和各像素相对的码值；空间编码是只投影一幅图案，每个像素都根据其相邻像素信息构成码字；直接编码是对每个像素都直接编码，直接编码基于投射光的特点，给予编码条纹图像的所有像素其相对应的码字。

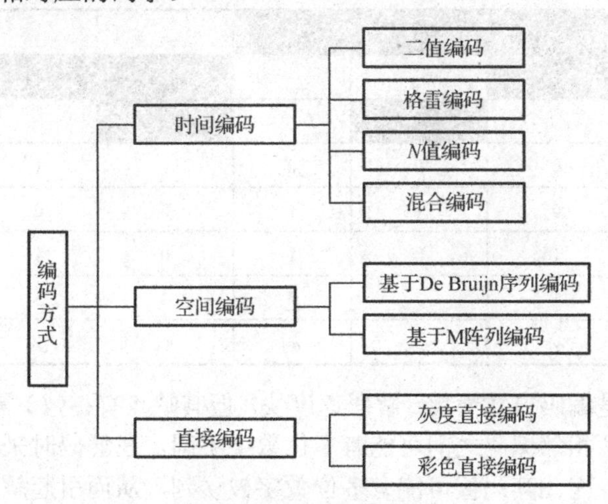

图3-1　面结构光编码方式

基于面结构光的三维扫描系统的编码解码策略的主要任务是：根据实际应用背景设计满足要求的编码解码策略；由设计好的编码方式对投影图案进行编码，通过投影仪把编码图案投射到被扫描物体上，此时编码图案会受到被扫描物体表面的调制而产生图案畸变；根据与编码方式对应的解码策略对照相机拍摄到的畸变图像进行有效解码区域的提取操作，并用检测算法对畸变图像进行特征点的提取，从而解码出特征点所在的编码条纹区域，建立起投影仪投射的编码图案和照相机拍摄的经调制的畸变图像相对应特征点之间的精确对应关系。

3.1.1　时间编码

时间编码法是依据时间的先后在测量物上投射一幅幅编码条纹图像，每一次投射的图像针对各像素创造一个码字，因而出现了一个和各像素相对的码值，再把其整合、解码。该方法投射出一幅幅各种宽度的条纹图案，而这些图像采用了很少几种色彩或是很少级别的灰度值进行编码，同时使用一些不烦琐的数据列来进行区别。正因为编码可以精准地分辨各种级别的灰度与色彩，同时编码还可以准确标示出所有点的方位，所以其在三维测量技术中相对测量精度更高、密度更大。然而该方法也存在一些不足，比如在测量时投射图案数量较多，所以比较适合用来测量静态场景。时间编码较为常用的方式主要有以下 4 种。

1. 二值编码

该编码方法是在测量物上投射多个以 0、1 作为码字的二进制编码条纹图像，用 0 表示黑色条纹，用 1 表示白色条纹。如果有 *n* 幅图案依次投射，就能用 *n* 位 0 和 1 组成的二进制数字来表示图案对应的空间区域，这样就将投射空间划分成 2^n 个区域。三位二进制二值编码原理如表 3-1 所示。在测量物上分别投射表 3-1 中图案 1、图案 2 和图案 3 共计三幅编码条纹图像，设未被阴影覆盖的白色条纹部分的编码值为 1，被阴影覆盖的黑色条纹部分的编码值为 0，这些图像采用了黑白两级别灰度，图案 1、图案 2 和图案 3 分别对应了二进制的高位、中位和低位的码字，因此可将投影分隔成 8 部分。由于二进制编码的原则是逢二进一，因此，二进制数最小的是 000，最大的是 111，分别对应码值 *k* 的 0 和 7。每个码值都有其相对的投射角度，再根据码字和投射角度的关联即可算出每个点的坐标值。

表 3-1　三位二进制二值编码原理

图案 1								
图案 2								
图案 3								
高位	0	0	0	0	1	1	1	1
中位	0	0	1	1	0	0	1	1
低位	0	1	0	1	0	1	0	1
码值	0	1	2	3	4	5	6	7
投射角度	α_0	α_1	α_2	α_3	α_4	α_5	α_6	α_7

二值编码的优点是编码方式简单、解码速度快。但其缺点有：（1）需要投射许多幅图案，影响测量速度；（2）两相邻编码之间可能有多位数字不同，在解码时采样点可能处于多幅编码图案中的条纹边缘，因此其码值可能有多位数字被误判，从而引起解码误差。

2. 格雷编码

通过对二进制编码图案的研究能够看出，一旦某点位于编码条纹图案 1 中的黑白灰度相交位置，在下面依次投射的编码条纹图案 2 和图案 3 就一定位于黑白相交位置，这会造成该点模糊，也就是说其码字被错误识别的可能性更高，而高位时被错误识别就会使解码的误差增大。格雷编码的出现降低了解码误差积累的可能性，这是因为格雷编码是一种特殊的二进制编码，它的特点是任意两相邻编码只有一位数字不同。也就是说，当十进制数每增大或减小 1 时，其对应的格雷编码中只有一位二进制数发生变化。

格雷码是一种无权码，它采用绝对编码方式，是一种错误最小化的编码方式，属于可靠性编码。它在相邻状态之间转换时只有一位数字产生变化，减小了由一个状态变化到下一个状态的过程中出现逻辑混淆的可能性。

表 3-2 为格雷编码和二进制编码对照表，与其相对应的格雷编码图案见图 3-2。从图 3-2 中可以看出，一旦某点位于某一幅编码条纹图案中的黑白灰度相交位置，在另外的编码条纹图案中其就一定不再位于黑白相交位置，即任意一点作为黑白变化边界的机会最多只有一次，其码值最多只有一位数字可能被误判，从而大大减小了解码误差。

表 3-2　格雷编码与二进制编码对照表

十进制编码	二进制编码	格 雷 编 码
0	000	000
1	001	001
2	010	011
3	011	010
4	100	110
5	101	111
6	110	101

如图 3-2 所示是二进制编码与格雷编码图案对比，由图 3-2 能够明显看出，格雷编码图案只有第一幅与二进制编码图案一样，其余均不一样，而这部分不一致的图案，格雷编码的循环周期是二进制编码的二倍。因此，当制作相同宽度的编码条纹图案时，格雷编码对空间的划分数量是二进制编码的二倍，这充分说明使用格雷编码既可以减少解码错误，又能够提升其图案的编码精度。

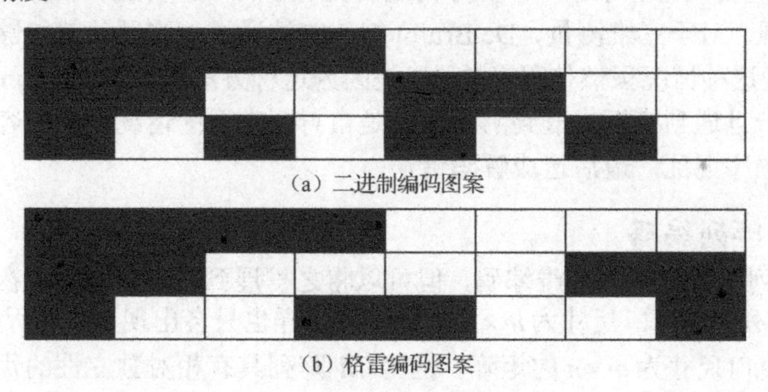

（a）二进制编码图案

（b）格雷编码图案

图 3-2　二进制编码与格雷编码图案对比

3. *N* 值编码

二值编码通常要投射许多幅编码条纹图案，要想提高测量速度，就需要减少图案投射数量。而 *N* 值编码就是针对这种情况而出现的，它以增多编码条纹图像灰度级别为手段来合理减少投射图案数量。投射部分被划分成三种灰度值，其中 0、1、2 分别代表黑色区域、灰色区域、白色区域，所以投射部分就变成了由码值 0～8 表示的 9 个编码部分。按照同样的原理可以使用更多的灰度值，从而可使用较少的投射图案实现更高的编码精度。

不过 *N* 值编码也有明显的缺点，虽然通过增加灰度级别可以使投影图案数量减少，但在解码过程中对灰度级别判定次数、难度却都增加了，也更容易出现误差，进而导致测量精度下降。

4. 混合编码

混合编码，就是将多种编码方法组合使用的方法。混合编码方法能够组合各种方法的优点，所以可以将测量精度和测量速度兼顾。目前使用广泛的混合编码方法有格雷编码与相移法结合的方法以及格雷编码和线移法结合的方法。

3.1.2 空间编码

为满足动态场景的需要，可以采用空间编码结构光。空间编码的投影图案适用于动态的三维信息的获取，图案中每点码字的获取都是通过周围与之相临近的点的信息得到的，这些信息包括像素、几何形状以及颜色等。但是如果在解码过程中临近的点信息丢失，就很有可能造成误差的出现，这也可以看出空间编码与时间编码相比，测量分辨率比较低。对空间编码的方式进一步分类，包括基于 De Bruijn 序列编码和基于 M 阵列编码。

1. 基于 De Bruijn 序列编码

De Bruijn 序列 $B(k,n)$ 表示用 k 个符号（如二进制，$k=2$）来表示长度为 n 的循环编码，n 为一个编码值的长度。举例说明：当 $k=2$ 时，采用二进制符号(0，1)，编码值的长度 $n=2$，可以得到一个长度为 4 的循环序列：[0，0，1，1]。此时，我们得到 4 个长度为 2 的不同的编码：[0，0]、[0，1]、[1，1]、[1，0]。因此，某种结构光就可以按照该序列进行编码，而在获得的结构光影像中，以上 4 个像素的编码为[0，0，1，1]，通过一个大小为 2 的滑动窗口（假定一个结构光的光斑或光束的宽度是一个像素）即可获取每个像素的编码值。

De Bruijn 序列编码是一个由 k 个符号构成的循环字符串，并且 n 长度的子串只会出现一次，以后不再出现。对于三维测量，De Bruijn 编码方法通过一张图片就能够得到分辨率较高的测量结果，只是这种情况虽然使用简单，但是因为这种方法对于 De Bruijn 编码的使用方向是单一的，所以一旦遇到模板投射到阴影或者是自封闭表面的情况，就很容易出现模板信息的丢失或者出现顺序混乱，最后造成解码错误。

2. 基于 M 阵列编码

De Bruijn 序列编码是一种一维编码，但可以将之扩展到二维空间中。在一个行和列分别为 r 和 v 的 q 元阵列里，窗口尺寸为 $m\times n$ 的子矩阵同样也只会出现一次，所以 M 阵列就是一个 q 元的 $r\times v$、窗口尺寸为 $m\times n$ 的矩阵。因为 M 阵列具有相对独立性的优点，所以在结构光图案编码中被广泛应用，另外，它的相对独立性表现在每个子矩阵都有属于自己的独立位置，并且一一对应。不过，因为投影仪自身存在的一些局限问题，使得在进行投影时无法向极其微小的物体上投影，所以在进行解码时不能很好地提高它的分辨率，从而影响精度，因此该编码方法的适用对象主要是大尺寸的动态场景。

3.1.3 直接编码

直接编码是指对图案的每个像素都进行编码，利用较多颜色或灰度来得到较高的分辨率。因为用到的颜色或者灰度都有比较宽的频谱，为了更好地区分投影出的颜色及灰度，就要在进行投射时增加参考图案。在通常情况下直接编码是可以实现较高的分辨率的，但相邻像素的色差很小，往往对噪声相当敏感，对于编码图像的识别情况也就变得不那么容易了，进而对于测量的精度也会有所影响。所以如果在进行多个图案的投影时，这种方法对于动态场景的测量精度会比较低，而且测量表面的颜色也会对图像的颜色产生影响，因此直接编码方法一般只会用在中性色或者是灰白色的物体中。根据以上情况，直接编码被分成两种编码方式：一种是灰度直接编码；另一种是彩色直接编码。

1. 灰度直接编码

该编码方法是根据图像中的每个点的像素值与均匀强度光照下图像的像素值之比，建立投影图像与投影图案中各像素点的对应关系。由于要投影两幅图案，因此该方法不适用于动态场景。该方法的优点是具有较小的计算复杂性，可在较短时间内获得像素级致密的深度图，然而由于需投影两幅图像，因此该方法只适用于静态场景。

2. 彩色直接编码

与灰度直接编码类似，彩色直接编码方法一般也是根据光强比实现三维重建的，通过使用单色相机获取两幅不同颜色的场景图像，通过计算两幅图像中各像素点的光强比来确定图像与投影图案的对应关系。

3.2 格雷编码与相移法结合的三维测量原理

3.2.1 相移法基本原理

由于格雷码是离散的，因此其只能对测量空间进行有限的划分。相邻的被测点在一个方向上会有相同的编码值，即在同一条纹内的所有测量点的格雷码值是相同的。对于高精度的测量，必须给出更精确的测量空间划分。相移法是指利用相位的连续性，用被测空间点的相位来表示其空间位置，并且在同一方向和同一周期内每个空间点的相位值是唯一的，所以，利用相移法可以获得连续的测量空间划分。相位反映了条纹的变形情况，它是被测物体高度的函数。

相移法的基本原理是：正弦光栅条纹投影到物体的表面上以后，会受到测量物体高度的限制，光栅条纹产生变形，相位会发生变化。通过相机拍摄变形的光栅条纹图像，获取各点相位的变化值，再利用相位值与高度的转换关系计算出物体的高度信息。因为该方法的任一点的相位值都不会受到其相邻点光强值的影响，所以能够很好地解决三维测量中出现的物体表面分布不均匀、变化量微小等情况下的测量问题，因此是一种较为成熟可靠的相位测量方法。相移法基本原理如下：

根据光学原理，投影光强是正（余）弦光栅，由相机拍摄的变形条纹函数为：

$$I(x,y)=A(x,y)+B(x,y)\cos[\varphi(x,y)+\theta] \tag{3-1}$$

式中，$A(x,y)$是条纹光强的背景值，$B(x,y)$是图形调制光强值，θ是图形相移，$\varphi(x,y)$是待计算的相对相位值。在式（3-1）中包括三个未知量，需要至少三个等式才能求解，即至少三幅及其以上的条纹图像。在相移法中，常用N步相移法获得物体的相位值，即对一幅相位图案进行$N-1$次平移，每次平移$2\pi/N$个相位，得到N幅图案，每幅图案对应一个光强函数$I(x,y)$，该函数呈标准余弦分布。然后将得到的N幅相移图案依次投射到物体表面上，利用相移公式得到物体表面的相位值。通常投射图案的数量越多，测量的精度越高。沿着垂直于光栅条纹方向在一个周期内移动N次，当$N=3$时称为三步相移法，当$N=4$时称为四步相移法，当$N=5$时称为五步相移法。最常用的方法是四步相移法，因为相机会产生非线性影响，故应用此方法可以消除这种影响。四步相移法编码图案如图3-3所示。

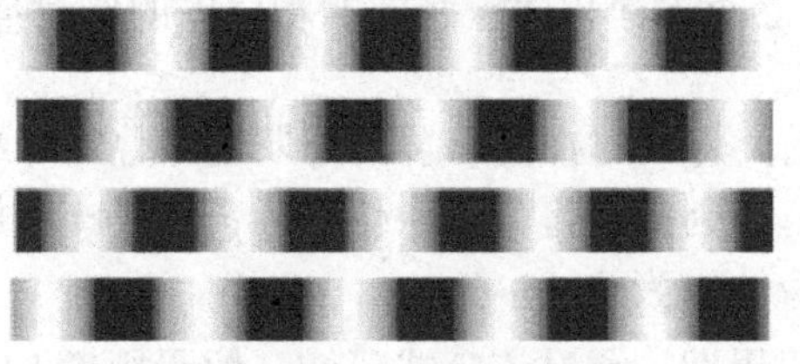

图3-3　四步相移法编码图案

对于四步相移法而言，每次移动光栅周期的 1/4，因而相移量为π/2，则采集到的对应的四幅条纹图案分别为：

$$\begin{cases} I_1(x,y)=A(x,y)+B(x,y)\cos[\varphi(x,y)] \\ I_2(x,y)=A(x,y)+B(x,y)\cos[\varphi(x,y)+\pi/2] \\ I_3(x,y)=A(x,y)+B(x,y)\cos[\varphi(x,y)+\pi] \\ I_4(x,y)=A(x,y)+B(x,y)\cos[\varphi(x,y)+3\pi/2] \end{cases} \tag{3-2}$$

由式（3-2）可得：

$$I_1(x,y)-I_3(x,y)=2B(x,y)\cos[\varphi(x,y)] \tag{3-3}$$

$$I_4(x,y)-I_2(x,y)=2B(x,y)\sin[\varphi(x,y)] \tag{3-4}$$

推导出相位公式：

$$\varphi(x,y)=\arctan\frac{I_4(x,y)-I_2(x,y)}{I_1(x,y)-I_3(x,y)} \tag{3-5}$$

上述式（3-5）用到了反正切函数，因而求得的相位值 $\varphi(x,y)$ 在 $(-\pi,\pi)$ 之间，此时相位值是折叠的，并不是真正的相位值。

3.2.2 相位展开

相位展开的目的是将折叠光栅的相位值从 $(-\pi,\pi)$ 展开成 $(-\infty,+\infty)$ 的连续光滑的相位值。通过式（3-5）计算参考平面上的光栅条纹可知，每个像素点相位与受到物体调制后光栅条纹每个像素点的相位是折叠的，其相位值大致如图 3-4（a）所示。相位展开后的示意图如图 3-4（b）所示。

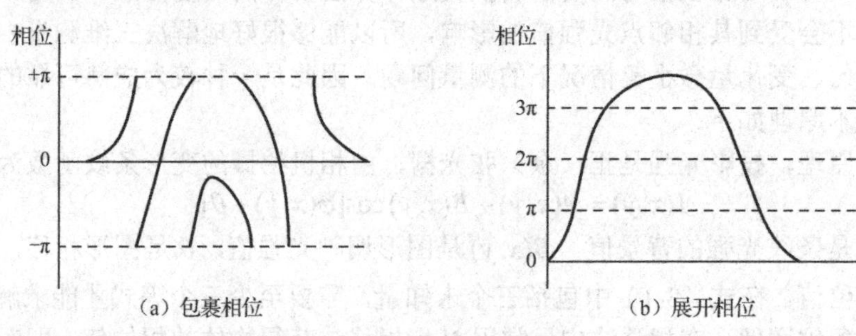

图 3-4　相位展开示意图

因此，实际相位值和折叠相位主值之间的差是整数（k）个 2π。相位展开的目的是获得与每个点相对应的正确 k 值，以恢复实际相位。如果实际相位值用 $\psi(x,y)$ 表示，并且折叠相位主值用 $\varphi(x,y)$ 表示，则它们之间应满足下面这个关系，其中 k 是整数：

$$\psi(x,y)=\varphi(x,y)+2k\pi \tag{3-6}$$

相位展开通常是将一个点的相位值与相邻像素的相位值进行比较来完成的，即空间相位展开算法。在实际相位中，2 个连续相邻点之间的相位差的绝对值应小于 2π。通常，使用加减 $2k\pi$ 方法来进行相位展开。

得到截断相位 $\varphi(x,y)$ 后，将其与格雷码解码周期进行叠加，最终获得每个采样点的独立相位值，即绝对相位 $\psi(x,y)$。因此，将截断相位 $\varphi(x,y)$ 与 $2k\pi$ 相加，即可得到每个采样点的绝对相位 $\psi(x,y)$，绝对相位计算为式（3-6）。

在式（3-6）中 k 为解码周期。通过该公式可知，解码周期 k 的确定是解相位的关键，在具体实践中，与光栅条纹图案有关的周期次数用 k 表示，光栅条纹图案的像素点用 (x,y) 表示，也就是说，像素点 (x,y) 处于第 k 条光栅条纹场中。而解码周期 k 可以通过格雷编码光栅图案的解码来获得。

3.2.3 格雷编码与相移法结合

在采用格雷编码与相移法结合的结构光三维测量中，通过格雷编码的解码确定解码周期，并在每个周期内求解相位从而获得测量空间的细分，最终获得被测空间上每一点的绝对相位，再将绝对相位映射为投射角，进行三维坐标的计算。格雷编码与相移法结合的三维测量原理的步骤如图 3-5 所示。

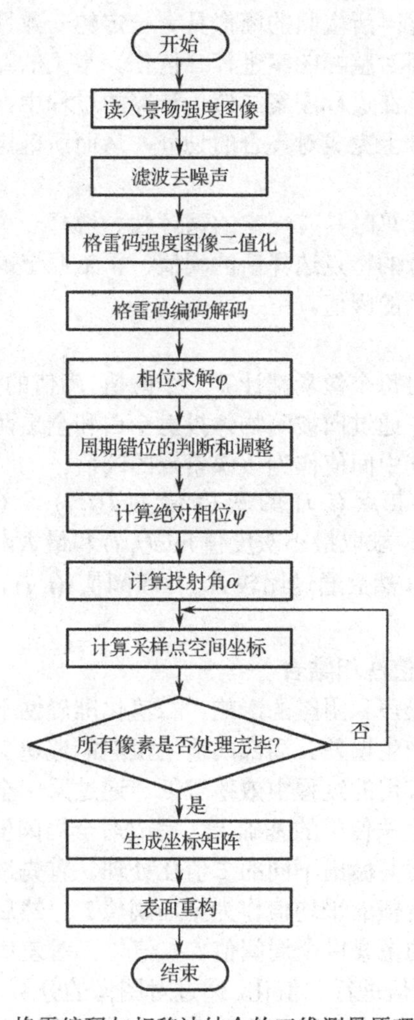

图 3-5 格雷编码与相移法结合的三维测量原理的步骤

1. 格雷编码图案二值化

在实际测量过程中，受被测物体表面特征和环境光等因素的影响，通过相机能够得到的是灰度图像，而且灰度值在 0～255 范围内变化，而不是只有灰度值为 0 和 255 的黑白图像。基于格雷编码所产生的黑白图案会产生边界灰度变化，且在变化的过程中存在一定的模糊性。对于在黑白条纹交界处所对应的像素信息，计算机在对其进行识别的过程中，大多会存在一定的偏差。所以，对于拍摄到的格雷编码条纹图案，必须对其二值化处理后才能进行解码。

图像二值化处理，即通过一定的算法实现原始图像至黑白二值图像的转化。在处理的过程中，灰度值的设置仅存在两种可能，第一种灰度值参数为255，第二种灰度值参数为0。对图像的灰度选取一个阈值，当像素灰度值大于此阈值时，令其灰度值为 255，否则令其灰度值为 0。通常而言，二值化算法分为两种不同的类型：一种为全局阈值二值化法；另一种为局部阈值二值化法。较常采用的是全局阈值二值化法和局部阈值二值化法相结合的二值化算法。

1）全局阈值二值化法

全局阈值二值化法是在进行二值化计算的过程中，在划分图案目标的过程中，以及划分图案背景时，二者在进行计算时所依照的阈值具有一定的一致性和不变性。依照特定的阈值完成对像素点集的划分，从而对整幅图案进行二值化。常见的算法有直方图法和迭代法。

（1）直方图法：该方法是在进行图案二值化计算的过程中，融入了对灰度直方图曲线的使用，在确定极小值点的基础上完成对集合的划分，从而所确定的阈值的准确性才能够得到提升。

（2）迭代法：该方法在计算时具有一定的循环性。选择一个近似阈值作为初始值，通过分割生成子图像，根据子图像的特点选择新的阈值，再依照该阈值继续对图像进行分割。反复进行多次，便逐渐趋于正确的阈值。

2）局部阈值二值化法

局部阈值二值化法是指对每个像素都计算一个阈值，阈值的大小与其他位置的像素无关，是一种较为精确的二值化法。通过向被测物体投射全白和全黑两幅图案，获得每个像素点在这两种情况下的灰度值，取其中间值作为该像素点的阈值。

在一幅图像中，设像素点 (i,j) 的灰度值为 $I(i,j)$，在以像素点 (i,j) 为中心的 $(2w+1)\times(2w+1)$ 窗口范围内，求取最小灰度值 $\min(i,j)$ 和最大灰度值 $\max(i,j)$，将其平均值作为像素点 (i,j) 的阈值 $t(i,j)$，然后通过比较 $I(i,j)$ 和阈值 $t(i,j)$，对图像中各个像素点 (i,j) 逐点进行二值化。

3）全局阈值法和局部阈值法相结合

全局阈值法容易受图像噪声和阴影的影响，二值化准确性不高，对于格雷编码图案的二值化来说，在条纹边缘容易产生误差。局部阈值法虽然能够避免上述问题，但由于需要为每个像素点设定阈值，因此在应用的过程中效率较低。通过采用全局阈值法和局部阈值法相结合的二值化法，在对全局阈值法使用的基础上，完成对全局阈值 T 的确定，从而以阈值 T 为参照，依照像素的具体情况对其做出不同的二值化处理。首先读取格雷编码图案中所有像素点的灰度值，取各像素点灰度值的平均值作为全局阈值 T；然后计算像素点的灰度值与全局阈值 T 的差值，对差值较大的像素以全局阈值 T 二值化；对差值较小的像素用局部阈值法求出局部阈值，再按照其局部阈值进行二值化。通过对图像的分析，像素点灰度值与全局阈值 T 的差值，一般取 10～50。对于局部阈值窗口 w，考虑计算速度和二值化的效果，可将其设定为 1～8。

2. 格雷码解码

通过对格雷码进行解码可以获得各像素点的相位周期数。由于相位周期数采用的是十进制，故需将格雷码转换为十进制，因此，通常先将格雷码转换成二进制码。设格雷码 $G=G_nG_{n-1}G_{n-2}\cdots G_1$ 对应的二进制码为 $B=B_nB_{n-1}B_{n-2}\cdots B_1$。以十位格雷码为例，它转换为十位二进制码的逻辑关系如图 3-6 所示。

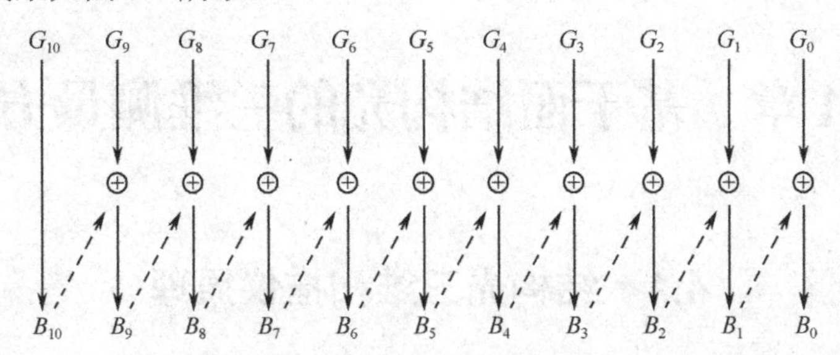

图 3-6　十位格雷码转换为十位二进制码的逻辑关系

因此，转换公式如下：

$$\begin{cases} B_n = G_n \\ B_{n-1} = B_n \oplus G_{n-1} \\ B_{n-2} = B_{n-1} \oplus G_{n-2} \\ \vdots \\ B_i = B_{i+1} \oplus G_i \\ \vdots \\ B_1 = B_2 \oplus G_1 \\ B_0 = B_1 \oplus G_0 \end{cases} \tag{3-7}$$

3. 投射角的求取

若投影仪投射角的范围是 $2\alpha_1$，其中投影线同 x 轴所形成的夹角是 α_0，将格雷码和相移这两种图案类型的数量分别设为 3 幅和 4 幅，将绝对相位范围控制在 $-15\pi \sim \pi$，投射角所对应的空间范围控制在 $\alpha_0 - \alpha_1 \sim \alpha_0 + \alpha_1$。根据采样点的绝对相位与投射角的关系，绝对相位可利用公式转换为对应的投射角：

$$\alpha = \alpha_0 + \arctan\left[\left(2^n - 1 + \frac{\psi}{\pi}\right)\frac{\tan\alpha_1}{2^n}\right] \tag{3-8}$$

其中，n 为投射格雷码图案的总个数。

第 4 章　基于面结构光的三维测量方法

4.1　结构光三维扫描仪原理

获取目标表面三维信息，通常是通过三维扫描仪或其他测量系统对物体表面进行测量的，并将获取的数据称为点云，点云是逆向工程中的原始数据，也是 CAD 建模的数据来源。三维扫描仪是进行数字化测量的重要工具，主要用于测量曲面物体，通过非接触式的光学扫描获得物体的三维模型，可用作数模对比和逆向建模的原模型。

光学三维扫描系统利用投影光栅法（如图 4-1 所示）将光栅连续投射到物体的表面上，摄像头同步采集图像，然后对图像进行计算，并利用相位稳步极线获取两幅图像上的三维空间坐标 (X,Y,Z)，实现对物体表面三维轮廓的测量。

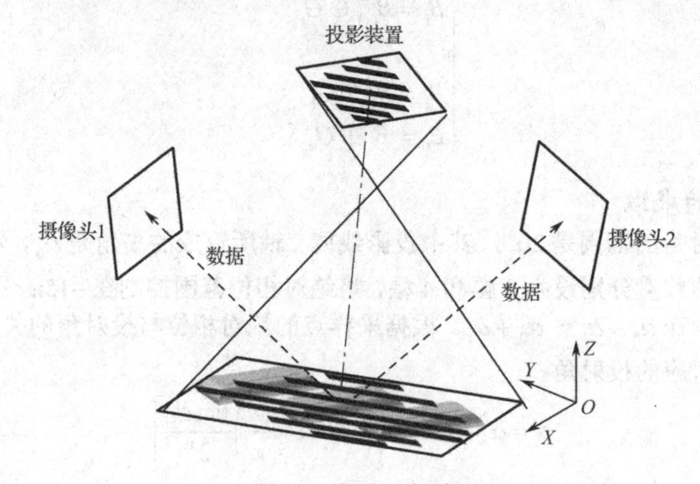

图 4-1　投影光栅法

投影装置设置有特定编码的结构光，将不同类型的结构光分别投射到被测物体上。如图 4-2 所示是一种工业级结构光式三维扫描仪，摄像头 1 和摄像头 2 存在固定夹角，同时获得图像数据，并对图像数据进行解码和相位运算得到相机坐标系内的三坐标。光栅投影的原理是：通过结构光变形得到物体的表面信息。

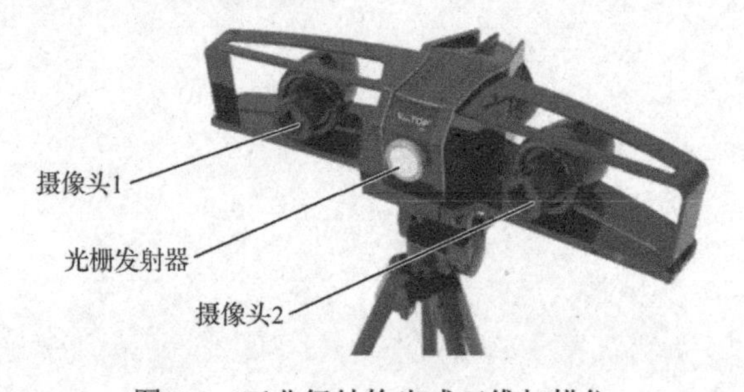

图 4-2　工业级结构光式三维扫描仪

4.2 三维扫描仪硬件

本节以图 4-2 所示的天津微深科技有限公司生产的 VTOP200T 系列结构光式三维扫描仪为例介绍三维扫描仪硬件的安装过程。该扫描仪采用结构光扫描的原理，具有以下特点：

（1）采用非接触式蓝光拍照式三维扫描设备系统，主要由光栅投影设备及工业级相机构成；

（2）通过扫描软件进行点云采集，该点云可以用通用的数据接口输出到其他的逆向工程软件或者点云处理软件中进行处理，或者通过曲面检查软件实现曲面偏差分析功能；

（3）扫描数据无厚度，点云具备矢量法向模式，以便后期造型及检测；

（4）具有基于表面拟合的标记点拼接、纹理拼接功能，并可具备组群拼合、手动拼接功能；

（5）具有输出轻量化模型功能；

（6）具有自动后处理功能，可自动将点云转换成三角网格面片，然后进行数据删减和优化。

扫描硬件包括相机、加密狗和连线，连线包括 1 根 HDMI 线、2 根 USB 线、1 根电源线。硬件安装过程包括连线、三脚架安装、相机安装。

（1）连线

三维扫描仪及综合线束连接方法如图 4-3 所示，两个 USB 接口分别连接左、右两个相机，HDMI 高清接口连接计算机，电源线连接 220V 电源。

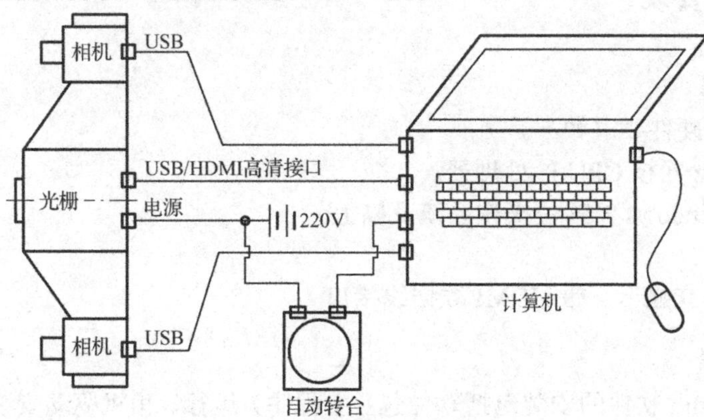

图 4-3　三维扫描仪及综合线束连接方法

（2）三脚架安装

三脚架安装如图 4-4 所示。

图 4-4　三脚架安装

（3）相机安装

相机安装如图 4-5 所示。

图 4-5　相机安装

4.3　三维扫描仪软件

Visen TOP Studio 是 64 位扫描系统软件，基于 GPU 并行计算和 CPU 多核处理技术，速度快，扫描质量优。该软件运用先进的人工智能和深度计算方法，自适应优化点云三维空间尺度和质量，实现点云的个性化输出。

4.3.1　软件系统安装

1. 系统要求

最基本的系统硬件要求如下。

处理器：2GHz 四核 CPU i5 处理器。

操作系统：Windows 7 64 位操作系统及以上。

RMB：8GB。

显卡：1GB 独立显卡，带 HDMI 数据线接口。

2. 安装步骤

Visen TOP Studio 软件的安装包括软件包（主程序）运行、相机驱动安装、加密狗驱动安装、自动转台驱动安装 4 部分。

1）双击 Vtop 主程序安装包，单击 Next 按钮，如图 4-6 所示；

图 4-6　主程序安装包

2）选择文件安装目录，单击 Next 按钮，如图 4-7 所示；

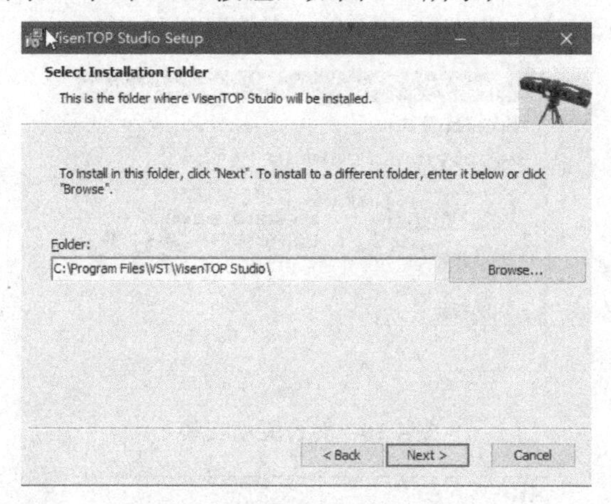

图 4-7　选择文件安装目录

3）准备安装，单击 Install 按钮，如图 4-8 所示；

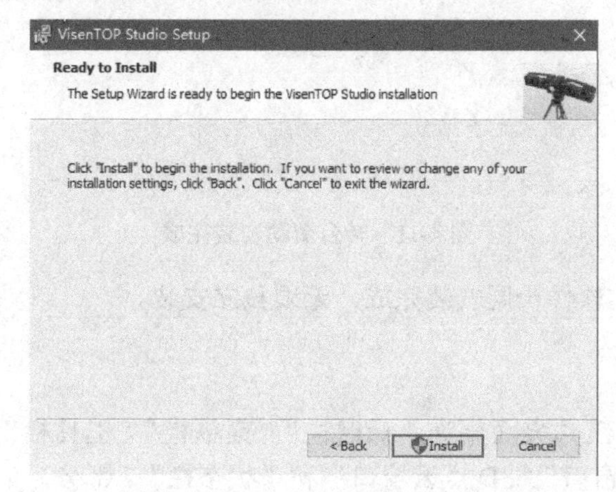

图 4-8　准备安装

4）软件安装完成后，勾选 Install Camera Drivers（安装相机驱动），单击 Finish 按钮，自动完成驱动安装，如图 4-9 所示；

图 4-9　相机驱动安装

5）完成相机驱动安装后，自动弹出转台驱动，单击“安装”按钮，开始安装转台驱动，如图 4-10 和图 4-11 所示（注：若无自动转台，直接跳过该步）；

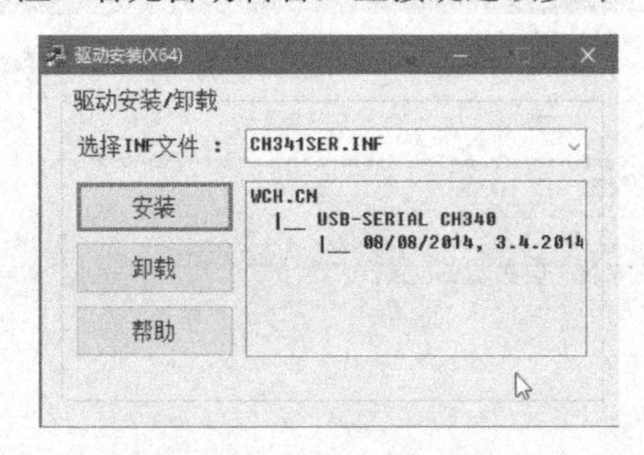

图 4-10　转台驱动安装

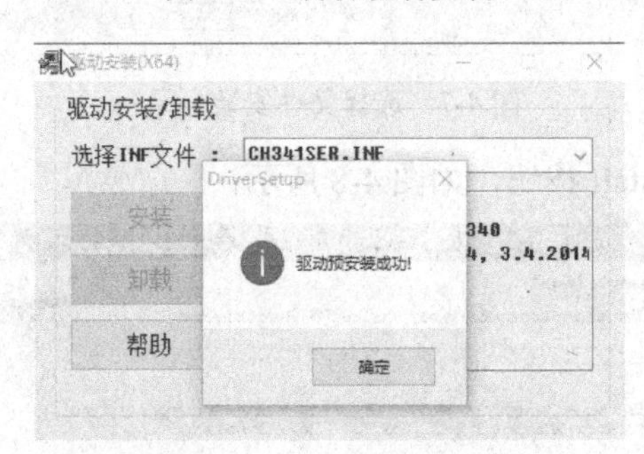

图 4-11　转台驱动安装完成

6）加密狗驱动随本软件一同安装完成，无须独立安装。

4.3.2　软件界面简介

Visen TOP Studio 工作界面分为“标题栏”“菜单栏”“工具栏”“点云数据采集窗口”“左相机窗口”“右相机窗口”“3D 点云窗口”和“状态栏”7 部分，如图 4-12 所示。

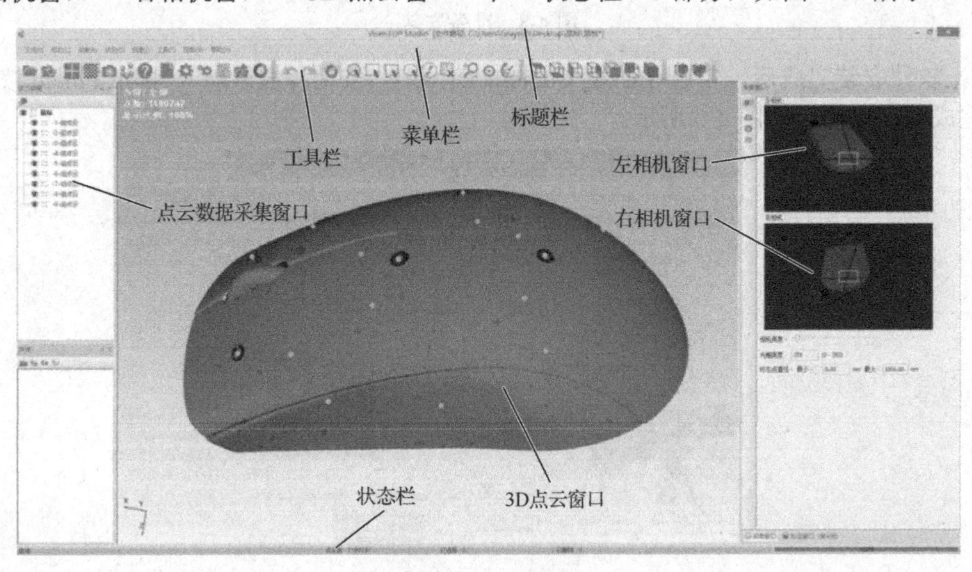

图 4-12　软件界面

（1）标题栏：显示当前工程文件的保存路径。

（2）菜单栏：包含 Visen TOP Studio 系统中的所有功能。

（3）工具栏：包含经常使用的功能。

（4）点云数据采集窗口：以树的形式显示采集获得的点云数据集合。

（5）3D 点云窗口：实时显示三维点云数据。

（6）相机窗口：分为左相机窗口和右相机窗口，显示左、右相机的实时数据。

（7）状态栏：显示操作中的实时信息。

4.3.3 软件功能

Visen TOP Studio 软件包括“三维扫描”和“数据处理”两个主要功能模块。“三维扫描”功能模块对应三维数据采集及过程中的参数设置；“数据处理”功能模块对应数据采集完成后对相应的点云或者网格面数据进行处理以及参数设置。软件的具体功能如下：

（1）软件具备新建工程、保存、设置、读取等系列功能，对应的数据格式主要包括工程格式、标记点格式、点云格式和三角网格面格式；

（2）三维数据可自动生成 STL 三角网格面格式，STL 格式可用于快速进行处理数据；

（3）扫描软件可以直接对扫描所获得的点云数据实现点云选取、删除、去除体外孤立点和非连接项、平滑滤波和特征拼接等一系列功能；

（4）软件具备设置扫描点间距、实时调整激光强度、变化和调整扫描视角等功能；

（5）软件具备用户快速标定校准功能，标定时间小于一分钟；

（6）扫描过程可实时调整显示界面的视角大小，且调整扫描过程中获得的三维曲面数据完整，不会随着视角界面大小的变化而出现破洞；

（7）软件界面具有点云间距选择功能，用户可根据被扫描物体体积及细节度等要求选择点云间距，该点云间距与通用第三方软件匹配一致；

（8）通过仪器按钮选择，可以实时地将扫描状态在三条/七条交叉线激光和单条线激光之间完成切换，其中，三条/七条交叉线激光可以实现快速扫描，单条线激光可以实现死角和深孔优化扫描。

4.4 幅面调节和标定

4.4.1 幅面调节

幅面是指扫描仪单幅采集的范围，幅面是衡量扫描仪扫描输出页面大小的指标，因此幅面尺寸的设置需要考虑物体的尺寸、细节、扫描要求等。物距是指当扫描仪正对白色平面时扫描仪与平面间的距离，如图 4-13 所示。物距一般是幅面的两倍，可通过调节物距来实现幅面的调节。

在实际操作中，幅面尺寸与物体大小的比值一般设为 4 : 3。测量出被测产品（以鼠标为例）长约 90mm，考虑扫描要求和被测产品细节等因素，将幅面调节为 200mm。因此将物距调为 400mm，从而实现幅面的调节，如图 4-14 和图 4-15 所示。

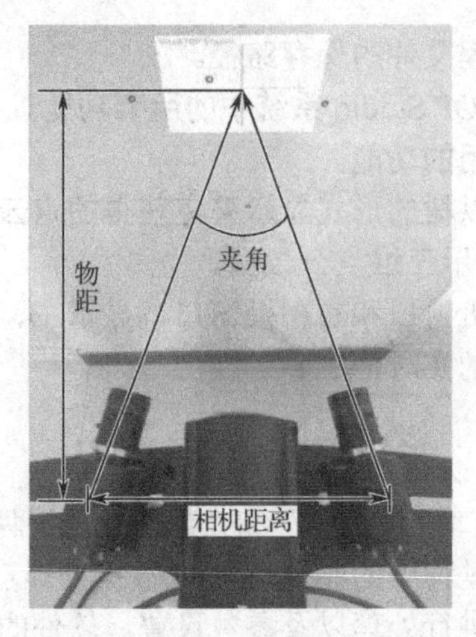

图 4-13　物距与两相机间的夹角

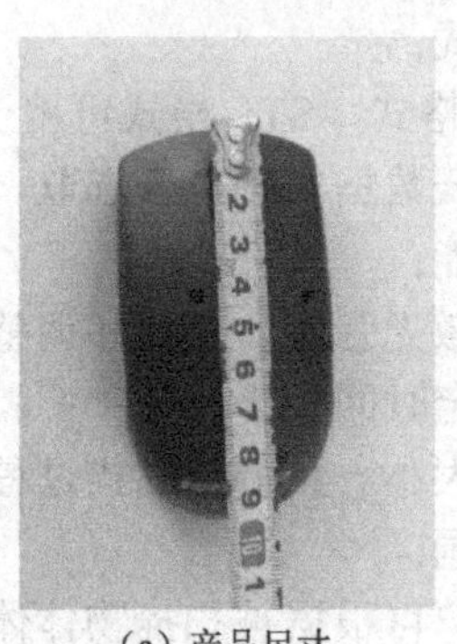

（a）产品尺寸

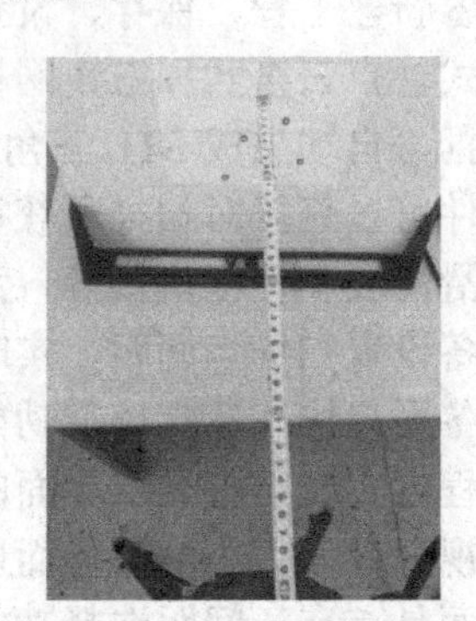

（b）实际物距

图 4-14　物距调节

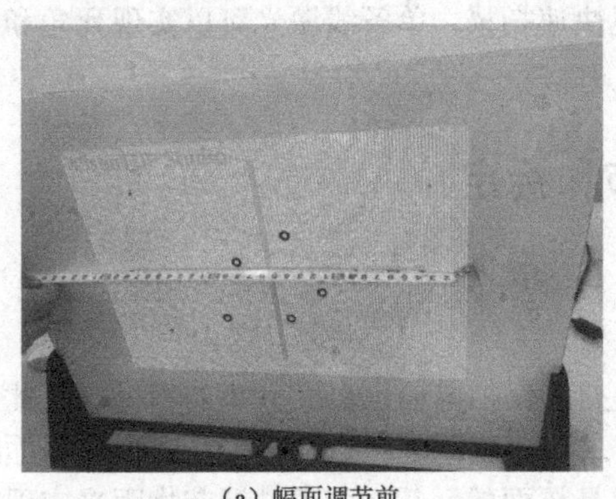

（a）幅面调节前

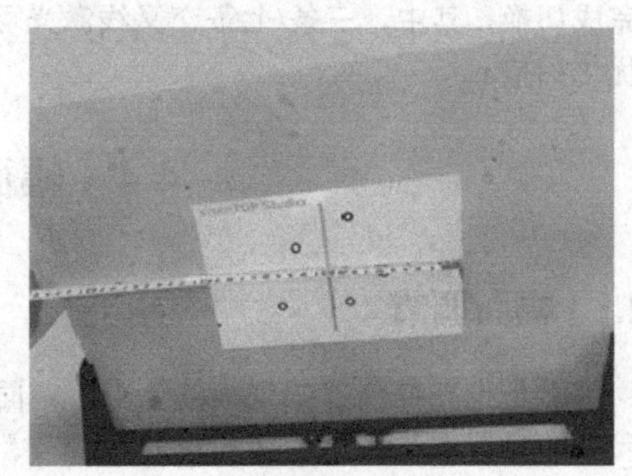

（b）幅面调节后

图 4-15　幅面调节

4.4.2　光栅调节

旋转中间的光栅旋钮便可进行光栅的调节，使投射出的黑白条纹清晰且满足幅面大小要求，如图 4-16 和图 4-17 所示。

图 4-16　光栅旋钮调节

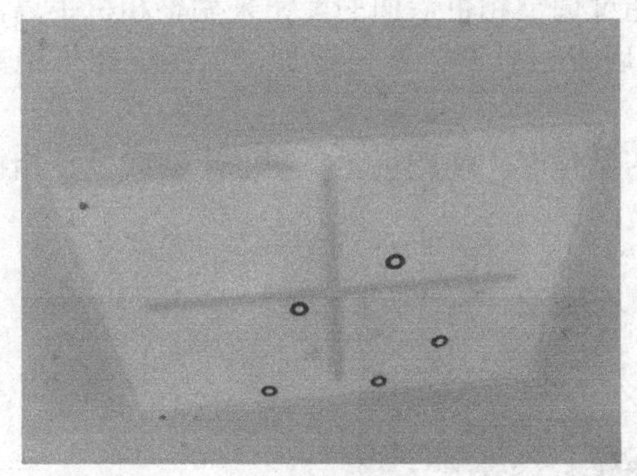

（a）光栅调节前

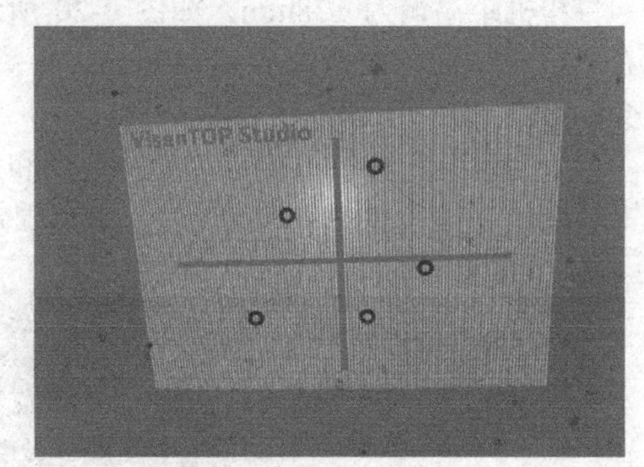

（b）光栅调节后

图 4-17　光栅调节

4.4.3　基线计算

如图 4-13 所示，顶角是指两相机之间的夹角，基线则是指两相机之间的距离。

打开软件中的工具——基线计算，根据两相机之间的夹角为 25° 左右，测量物距是 400mm，来确定两相机间的距离。

如图 4-18 和图 4-19 所示，通过输入物距与顶角值，计算出两相机间的距离为 178mm。

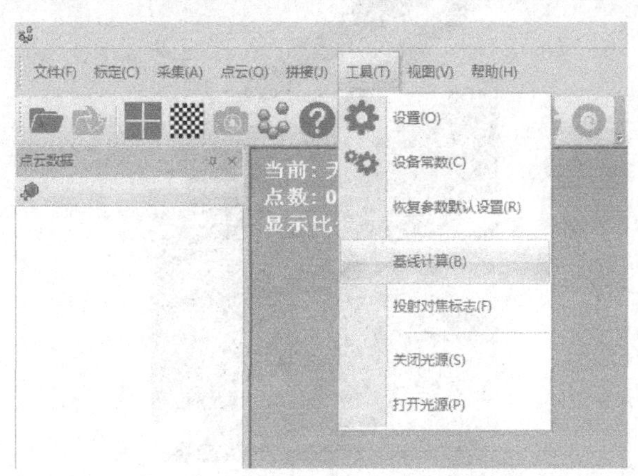

图 4-18　基线计算

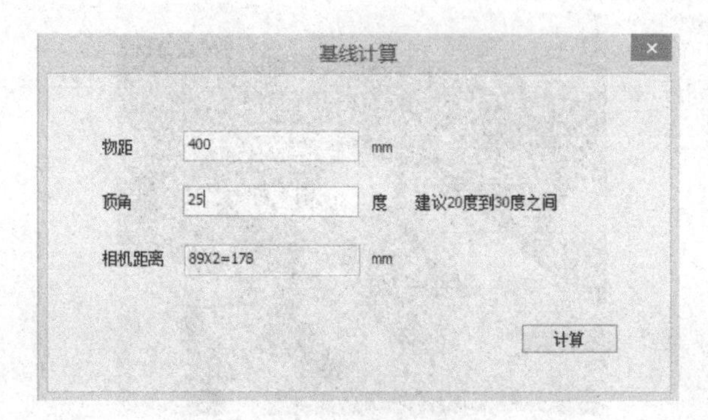

图 4-19　两相机间的距离计算

将相机距离调为 178mm，如图 4-20 所示，通过调节相机后面的旋钮来调整相机距离，左右相机与中间轴线距离各为 89mm。距离调整后将相机调节旋钮拧紧，以保证相机距离不变，如图 4-21 所示。

再分别调节左右相机的左右旋转角度和上下俯仰角度，使相机窗口中的十字线位于相机小矩形框的中间（如图 4-22 所示），锁紧固定螺丝。

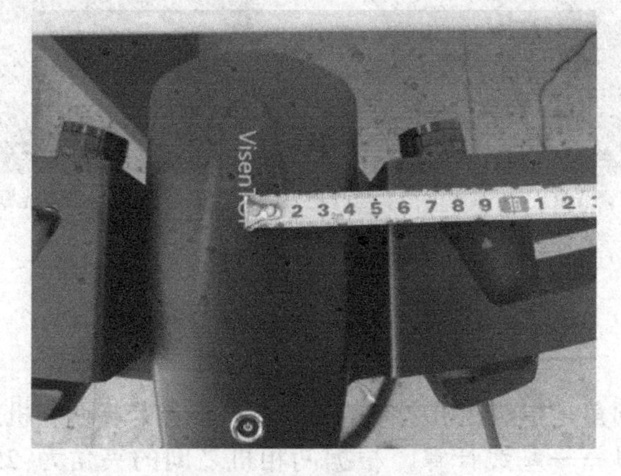

图 4-20　单侧相机距离

图 4-21　相机调节

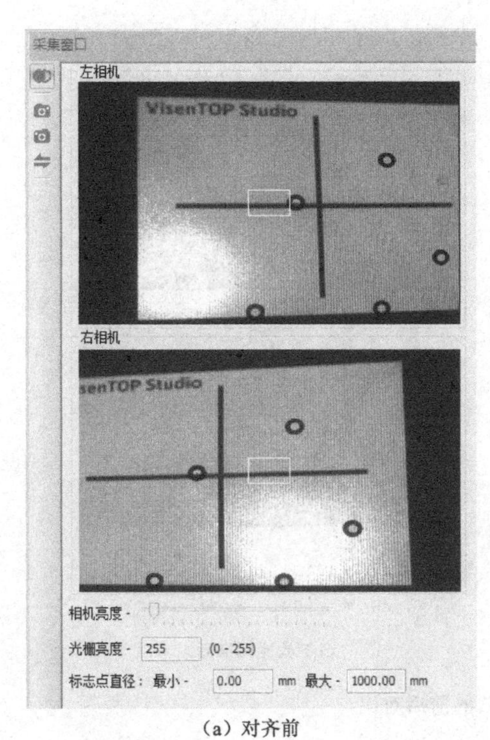

（a）对齐前

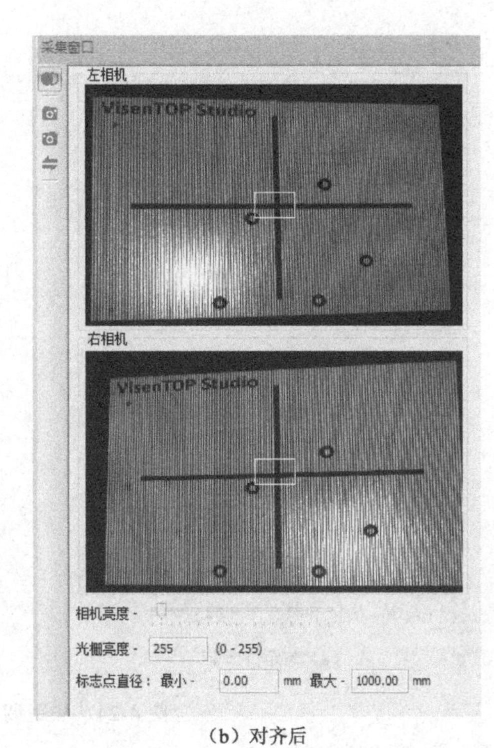

（b）对齐后

图 4-22　十字中心对齐

4.4.4　焦距调节

首先将相机调整为投射对焦标志状态，使用工具——投射对焦标志，如图 4-23 所示，双击左（右）相机窗口使之全屏显示以便于查看，调整左（右）相机调焦环使其对焦清晰（注：在调节清晰度时将相机光圈调至最大，使对焦标志明显），调节完毕后，锁紧两个相机的固定螺丝。

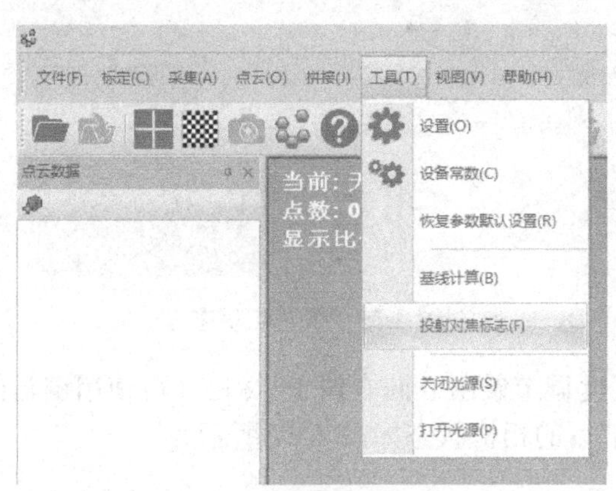

图 4-23　投射对焦标志

焦距调节就是将十字中心调到最细，在调焦距的过程中将亮度调到最亮进行曝光。焦距调节的前后对比如图 4-24 所示。

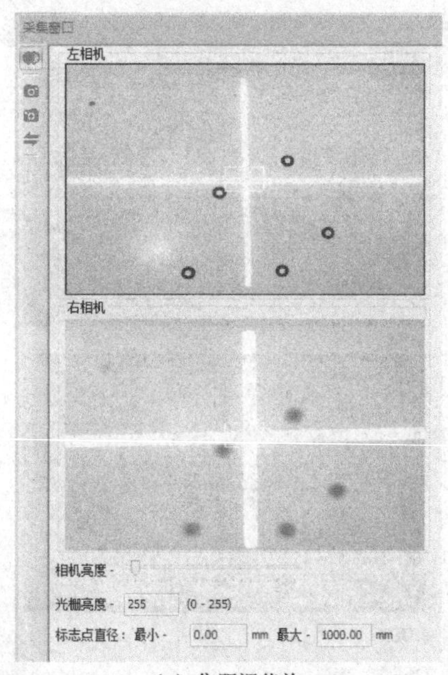

（a）焦距调节前

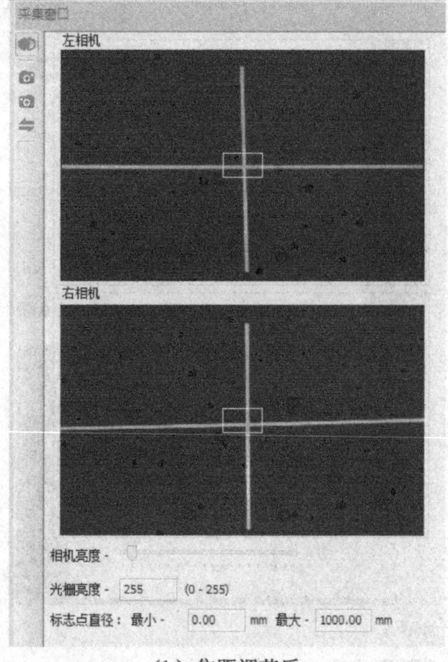

（b）焦距调节后

图 4-24　焦距调节的前后对比

焦距调好后进行亮度调节，单击采集—预对焦，投射黑白条纹，预对焦是指在进行拍照测量前，对测量物体、投影设备条纹精度进行校正的过程，亮度调节需在预对焦状态下进行（如图 4-25 所示）。可通过调节相机光圈和软件相机亮度调节条来进行亮度调节。

在操作时先调节左相机光圈，使左相机窗口中的黑白条纹清晰并且对比强烈，明暗适中，亮度调为黑白色；接着调节右相机光圈使左右相机亮度相同，然后锁紧两个相机光圈的固定螺丝。

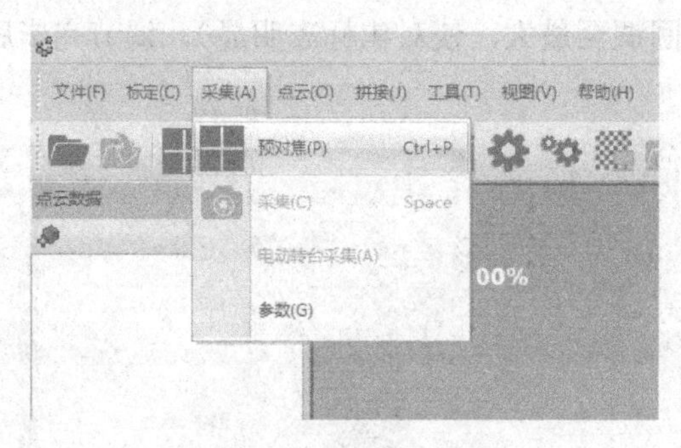

图 4-25　预对焦状态

将相机窗口下方的亮度调节条由 0 向右调 1～2 格（可使用键盘的箭头按键进行操作），如图 4-26 所示，亮度调节后的相机状态如图 4-27 所示。

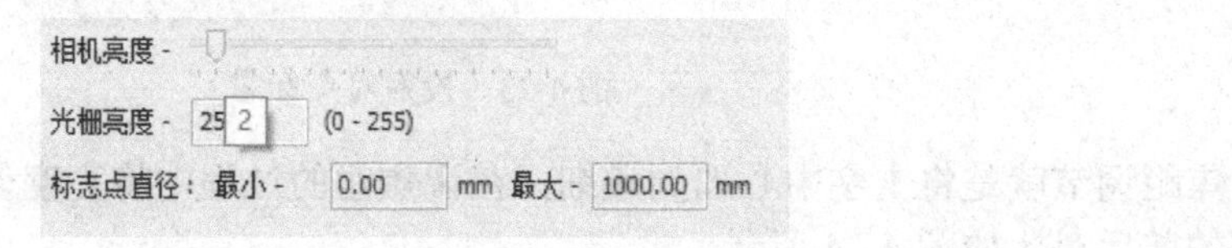

图 4-26　相机窗口下方的相机亮度调节条

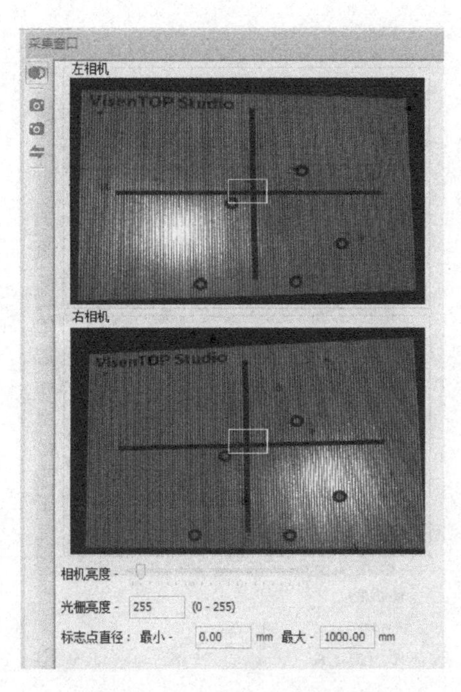

图 4-27　亮度调节后的相机状态

4.4.5　标定

1. 标定的含义

在机器视觉测量中，被测物体表面上一点的三维几何位置与其成像中的对应点之间的相互关系是由相机成像几何模型所决定的，模型的参数就是相机参数。通常，确定这些参数的过程就被称为相机标定。

在相机标定过程中，各个定标点在世界坐标系中的坐标是已知的，需要保证制作的标定模块的精度足够高。此外，还需要精确检测这些点在图像中对应的位置信息，然后通过模型计算得到相机的内外部参数。这些定标点称为角点，系统将通过高精度角点检测来提高标定精度。

出现以下情况之一，需要进行标定：

（1）在首次使用扫描仪之前；

（2）在重新组装扫描仪之后；

（3）在扫描仪经受强烈震动之后；

（4）在更换镜头之后；

（5）在多次拼接失败之后；

（6）在扫描精度降低之后。

2. 标定步骤

1）摆放标定靶

打开相机开关、标定靶开关，将标定靶正对扫描仪，调整距离，使标定靶的靶心同时出现在两个相机窗口的小矩形框中，如图 4-28 所示。

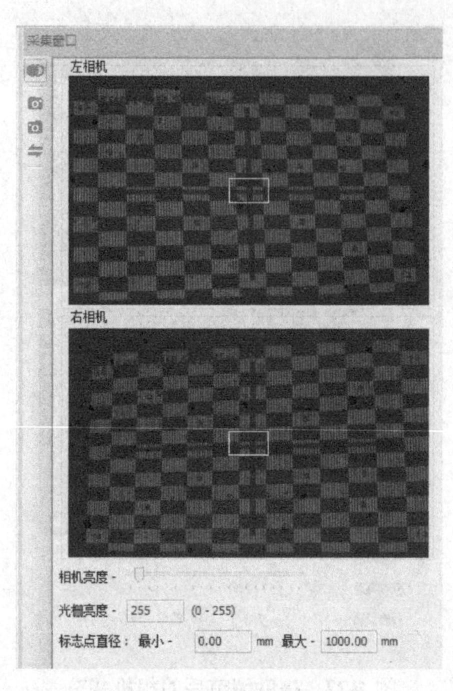

图 4-28　摆放标定靶

2）打开标定窗口

单击标定菜单中的投射白光，将相机调到投射白光状态，如图 4-29 所示。

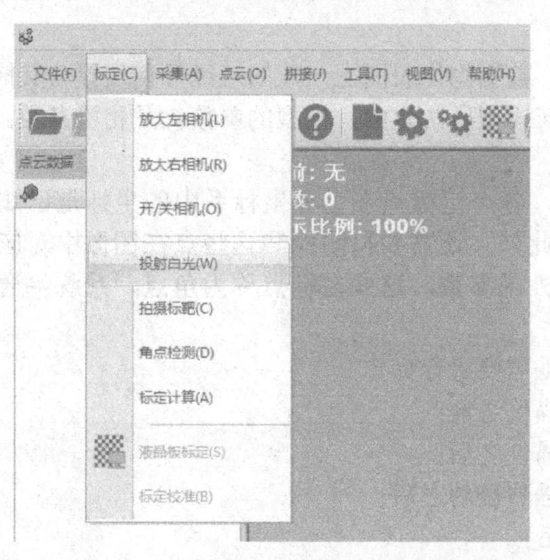

图 4-29　单击标定菜单中的投射白光

单击工具条中的标定窗口按钮，打开标定窗口，如图 4-30 所示。

3）拍摄标定靶

单击左下角的采集窗口，在采集窗口观察所有角点是否在相机内，如图 4-31 所示。

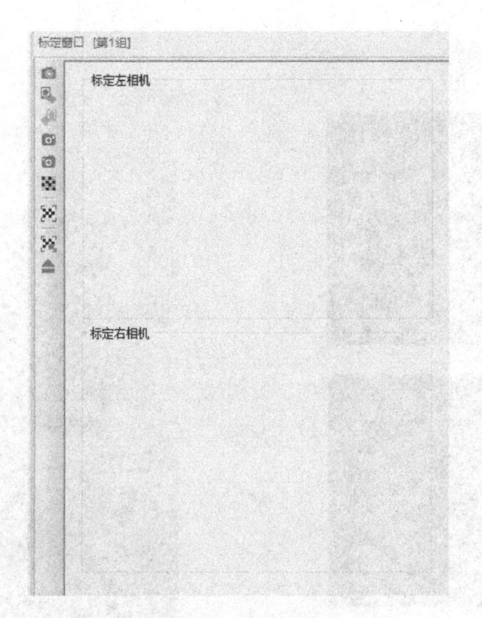

图 4-30　标定窗口

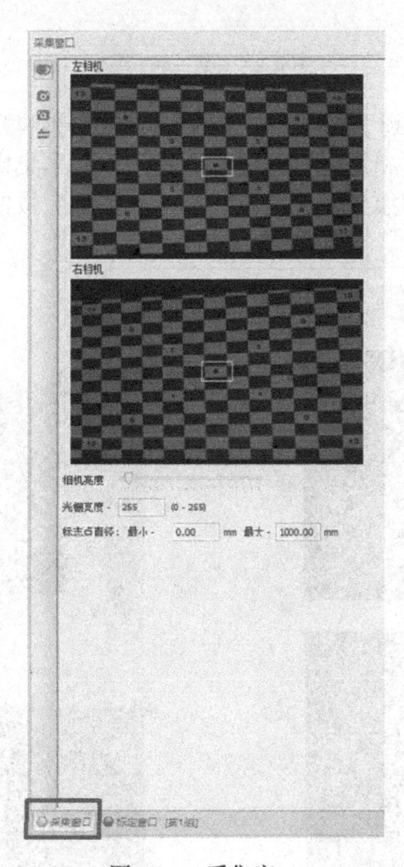

图 4-31　采集窗口

切换到标定窗口，单击标定窗口左侧的“拍摄”按钮，对标定靶进行图像采集。第一组标定如图 4-32 所示。

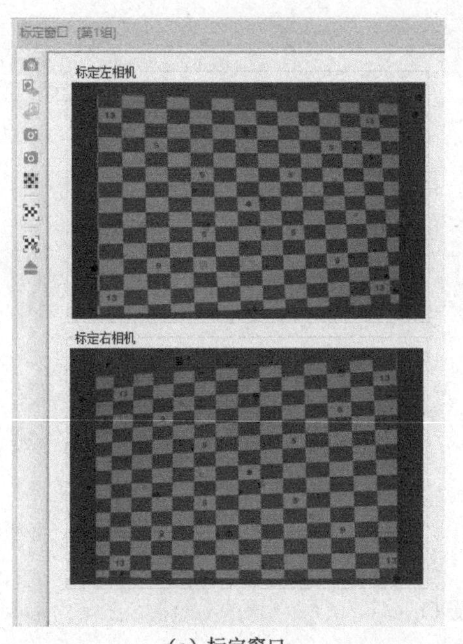

（a）标定窗口

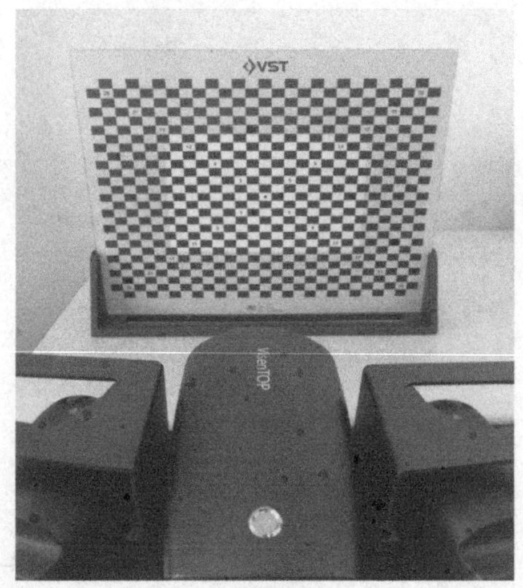

（b）标定板

图 4-32　第一组标定

单击“下一组”按钮切换到下一幅。改变标定靶的旋转角度为正对偏左 25° 左右，调整标定靶与扫描仪之间的距离，和第一组标定方法类似，从采集窗口观察使靶心同时出现在两个相机窗口的小矩形框中，切换到标定窗口后单击“拍照”按钮，完成第二幅图像的采集。第二组标定如图 4-33 所示。

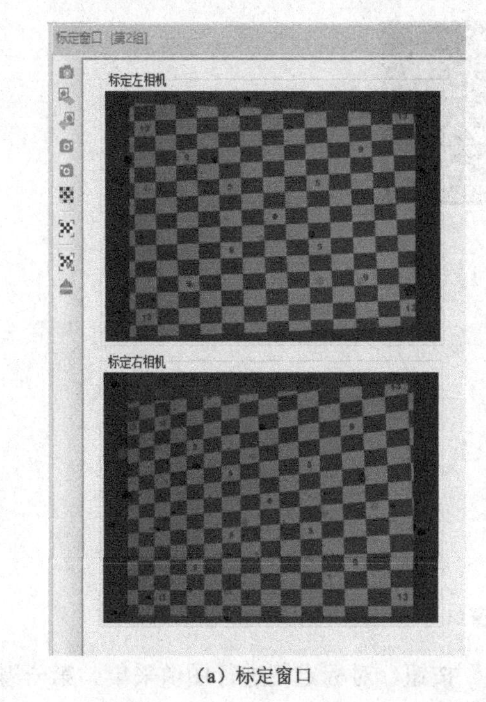

（a）标定窗口

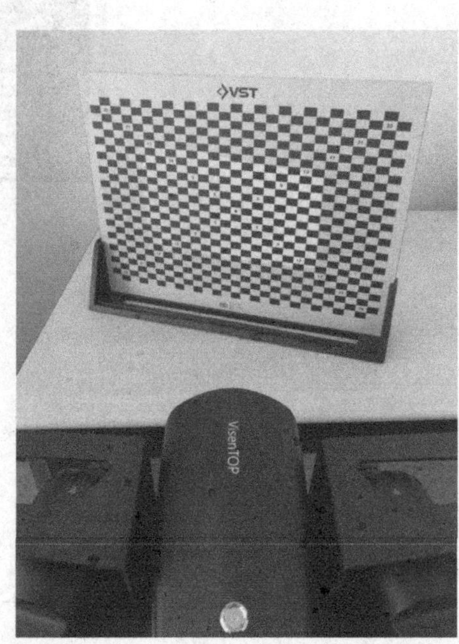

（b）标定板

图 4-33　第二组标定

单击“下一组”按钮切换到下一幅。改变标定靶的旋转角度为正对偏右 25° 左右，调整标定靶与扫描仪之间的距离，和第一、二组标定方法类似，从采集窗口观察使靶心同时出现在两个相机窗口的小矩形框中，切换到标定窗口后单击“拍照”按钮，完成第三幅图像采集。第三组标定如图 4-34 所示。

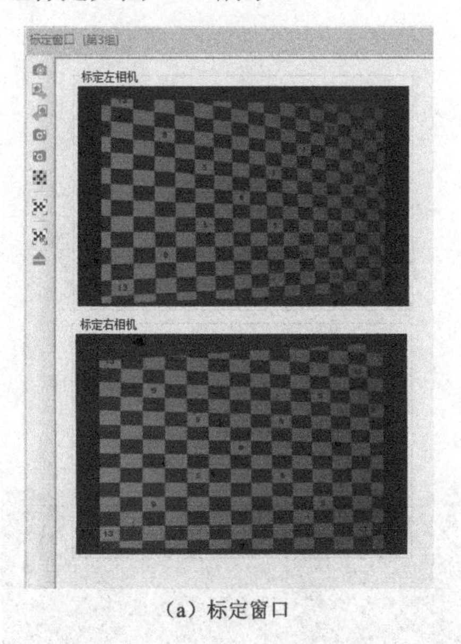

（a）标定窗口

（b）标定板

图 4-34　第三组标定

单击“下一组”按钮切换到下一幅。改变标定靶的旋转角度为正对偏上 25° 左右，调整标定靶与扫描仪之间的距离，和第一、第二、第三组标定方法类似，从采集窗口观察使靶心同时出现在两个相机窗口的小矩形框中，切换到标定窗口后单击“拍照”按钮，完成第四幅图像采集。第四组标定如图 4-35 所示。

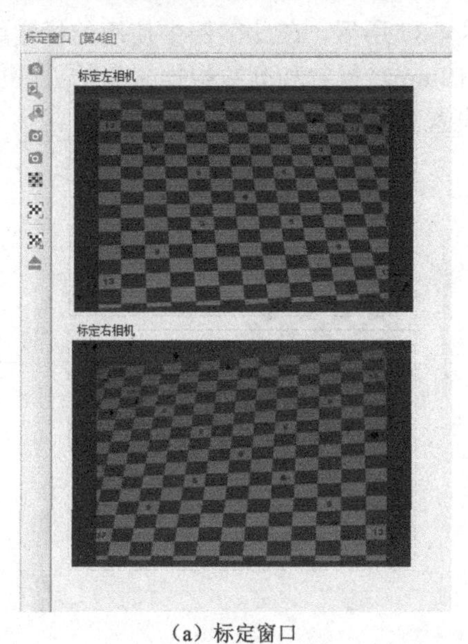

（a）标定窗口

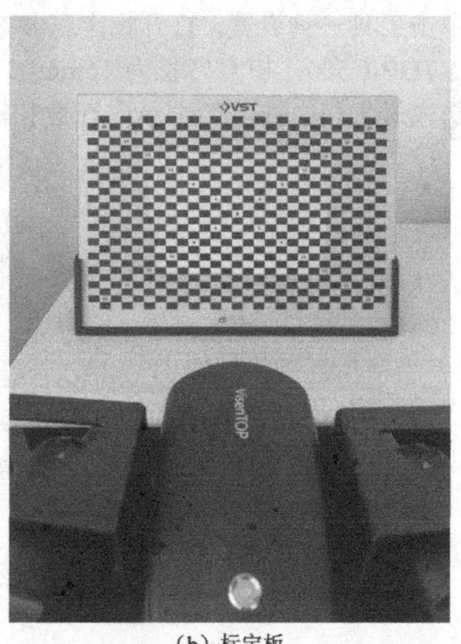

（b）标定板

图 4-35　第四组标定

单击“下一组”按钮切换到下一幅。改变标定靶的旋转角度为正对偏下 25° 左右，调整标定靶与扫描仪之间的距离，和第一、第二、第三、第四组标定方法类似，从采集窗口观察使靶心同时出现在两个相机窗口的小矩形框中，切换到标定窗口后单击“拍照”按钮，完成第五幅图像采集，第五组标定如图 4-36 所示。

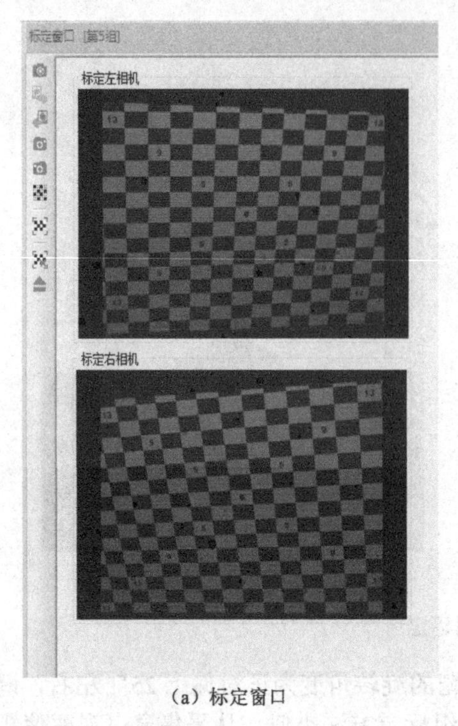

（a）标定窗口

（b）标定板

图 4-36　第五组标定

4）设置标定靶参数

单击工具——设置，打开标定靶参数界面，如图 4-37 所示。在此案例中使用的标定靶型号为 VTOP-C500，棋盘格长为 16mm，棋盘格宽为 10mm。行数和列数根据采集的五幅图像边框选取最大值，在此例中纵向行数和横向列数都设置为 9。

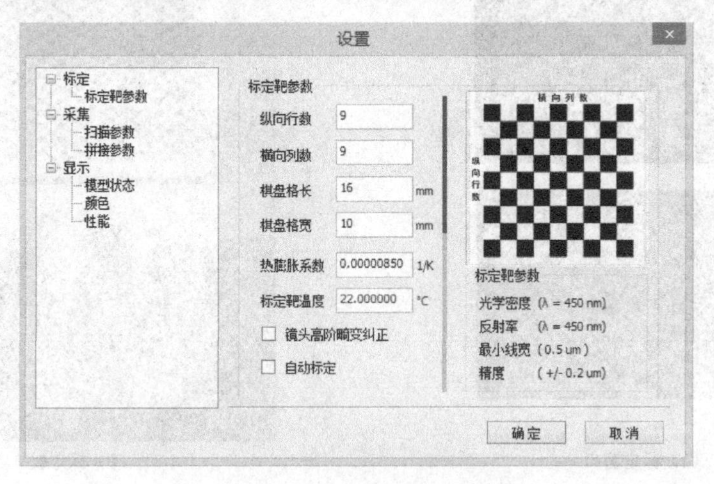

图 4-37　标定靶参数设置

5）角点检测

返回标定窗口，依据行数和列数单击角点。角点为行数和列数组成矩形的顶点，同时软件也会自动优化识别最佳角点位置。单击完成 8 个角点后，单击“角点检测”按钮，进行角点检测。观察角点检测结果是否正确、角点的排列是否整齐，如图 4-38 所示。

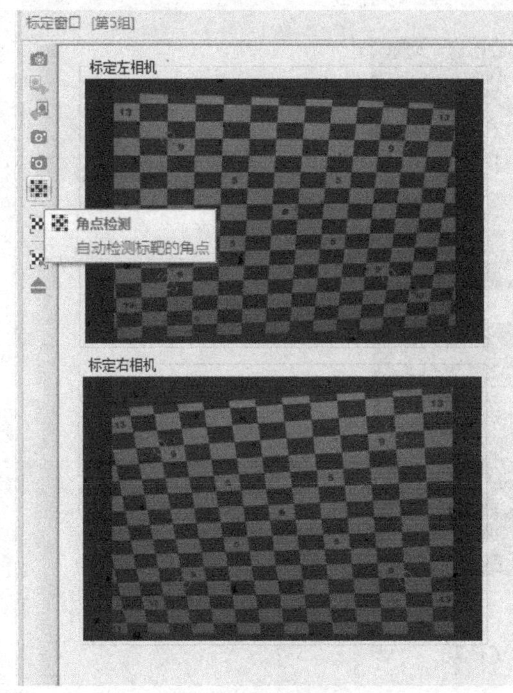

（a）单击完成 8 个角点

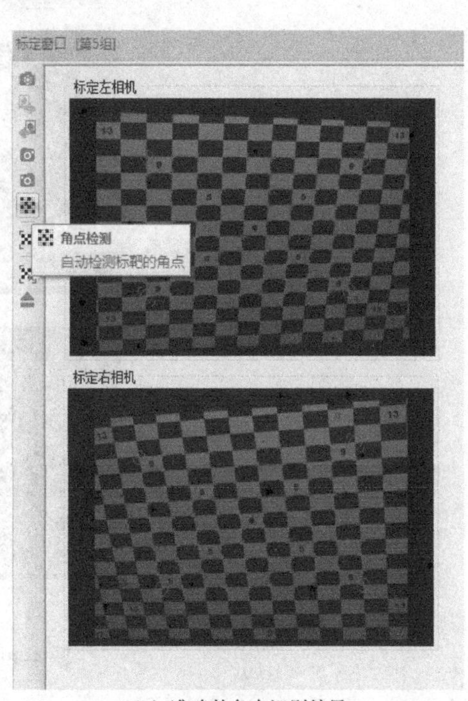

（b）准确的角点识别结果

图 4-38　角点检测

如果发现角点排列不整齐（如图 4-39 所示），说明本次角点检测出现错误。确认角点的位置和标定参数都正确并且匹配后，重新单击“角点检测”按钮。

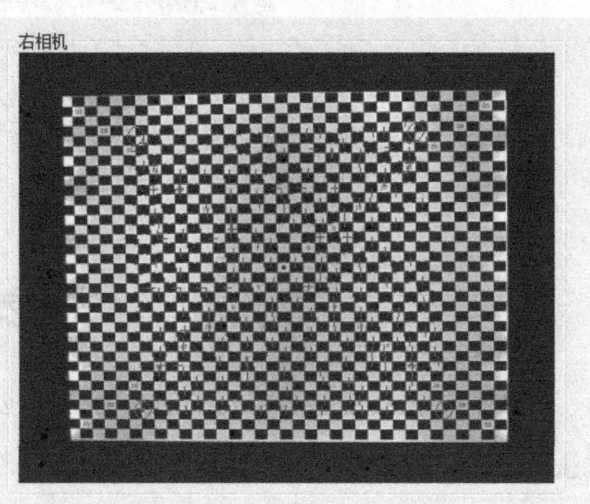

图 4-39　错误的角点识别结果

其余四组的角点检测方法与第五组类似，完成五幅图像的角点检测。

6）标定完成

单击“标定”按钮完成标定，标定成功如图 4-40 所示。如果标定不成功，系统弹出标定未成功的通知，此时需要重新进行系统标定。

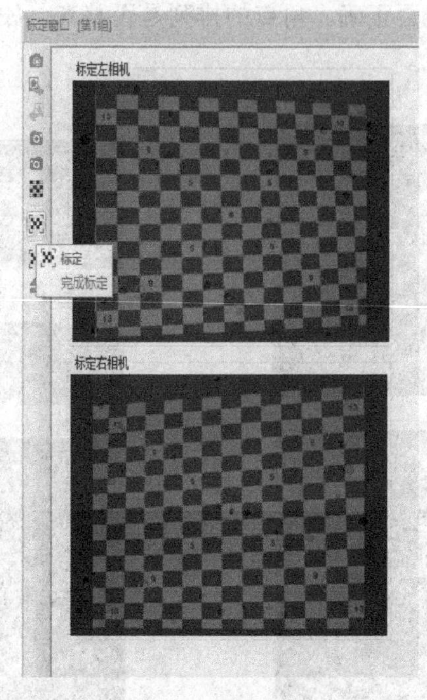

图 4-40　标定成功

标定完成后，可以获取标定精度（如图 4-41 所示），若标定精度符合要求，则可以进行 3D 扫描。

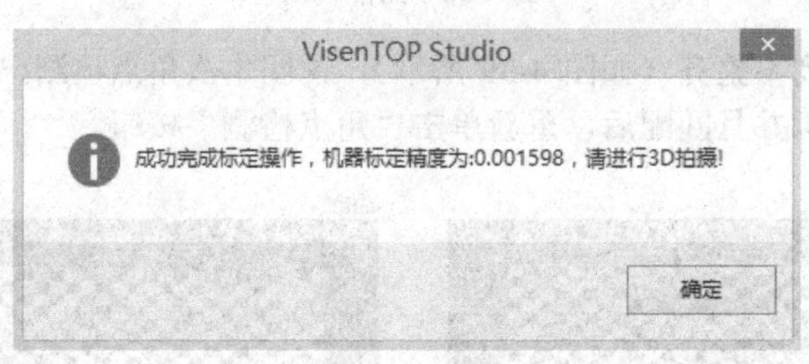

图 4-41　标定精度

4.5　表面处理

产品在扫描前需进行一定的表面处理，包括喷涂反差增强剂和贴标记点。

4.5.1　喷涂反差增强剂

有下列情况之一的，需要在扫描前对产品喷涂反差增强剂：

（1）扫描物体是深黑色；

（2）扫描物体表面透明，或者有一定的透光层；

（3）扫描物体表面存在高强度的镜面反射。

喷涂反差增强剂的注意事项如下：

（1）在使用罐装反差增强剂前，应当将罐装瓶均匀摇匀；

（2）反差增强剂的喷涂厚度应该控制在 25～45μm，喷涂厚度太厚，则容易导致所喷涂的反差增强剂不易干，影响效果；

（3）在喷涂反差增强剂时，不可离工件表面过近，一般控制在 20～30cm 为宜；

（4）产品需要在阴凉、干燥场所晾干才可进行扫描；

（5）在喷涂过程中要注意远离火源。

下面以选用鼠标产品为例进行三维扫描操作。通过观察发现鼠标产品表面是黑色的，会影响扫描精度，需要采用喷涂反差增强剂的方式对产品表面进行处理，喷涂的过程与喷涂后效果如图 4-42 所示。

（a）喷涂过程

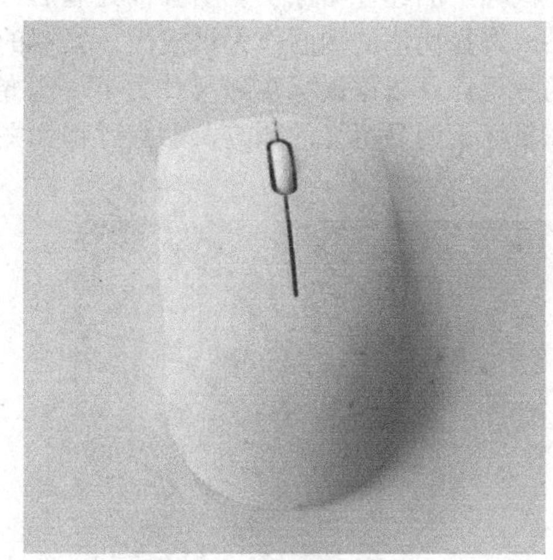

（b）喷涂完成

图 4-42　喷涂反差增强剂的过程及喷涂后的效果

4.5.2　贴标记点

要得到不同角度三维曲面的对应关系，则需要构造具有唯一特征的标记点。标记点的作用是扫描仪在每一次采集时都应至少识别出三个标记点，从而作为不同点云数据之间进行拼接的依据。

拼接是一种为了重构被测物体三维形状，利用智能算法，将每次测量三维曲面组合起来的方法。根据待检测三维物体的尺寸确定标记点的个数，尺寸越大的物体需要的标记点越多。贴标记点时，除物体表面纹理特征明显外的所有情形都应贴标记点。

如何贴标记点以及贴标记点的注意事项如下：

（1）标记点应无规则地分布在被测物体的表面上，且在相机窗口中清晰可见。标记点不要贴在一条直线上，应该呈 V 形分布；

（2）标记点尽量粘贴在物体的无明显特征处；

（3）在贴标记点之前，应该考虑清楚标记点应贴在扫描物体上还是扫描物体的周围，还是两者都需要。标记点贴在物体表面上的优点是：物体可以自由地移动，缺点是会稍微影响被标记点覆盖的表面的 3D 数据。贴在物体周围不影响物体表面的 3D 数据，但是在整个采集过程中，要保持扫描物体和贴着标记点的物体之间不能发生相对移动；

（4）应该选择适当的标记点尺寸，如果选择不当，会无法识别导致不能拼接。标记点的尺寸如图 4-43 所示；

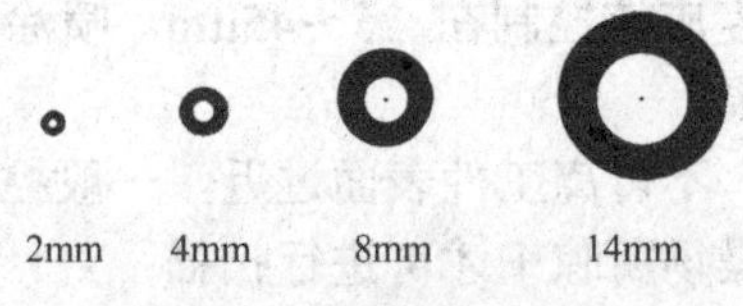

图 4-43　标记点的尺寸

（5）当采集扁平物体的数据时，为了保证采集精度，需要在物体表面上和物体周围都粘贴标记点。

鼠标产品经过喷涂反差增强剂处理后，在扫描前要进行扫描策略的制定并进行标记点的粘贴，选择两侧的侧面作为过渡面，鼠标的正面、底面和中间过渡的侧面均需要粘贴合适数量的标记点，依据鼠标实际尺寸大小，选择 4mm 尺寸的标记点进行粘贴，标记点要尽量粘贴在鼠标无明显特征的地方，贴点过程如图 4-44 所示。

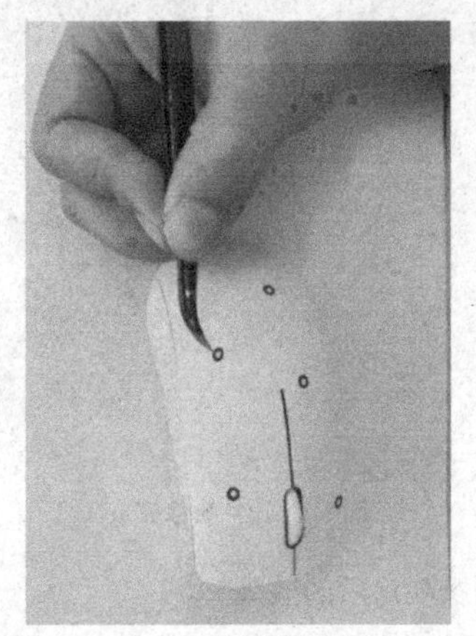

（a）正面贴点

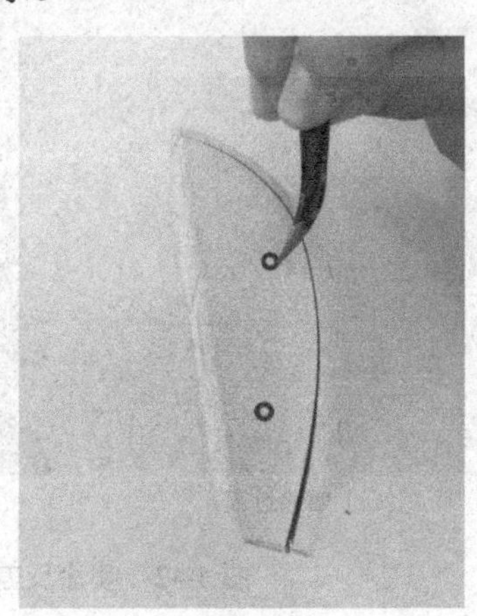

（b）侧面贴点

图 4-44　贴点过程

贴点完成后的鼠标产品如图 4-45 所示。

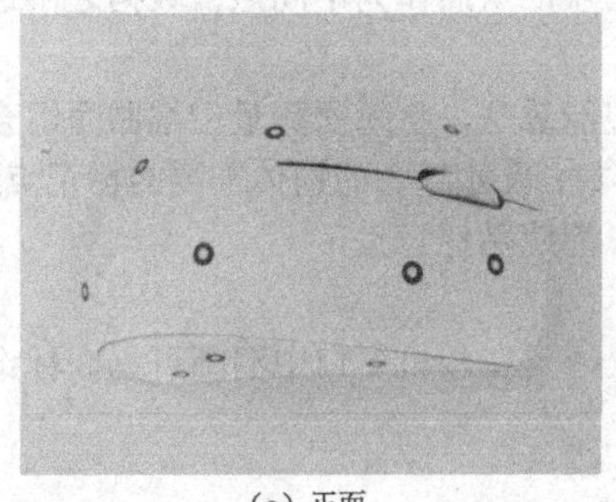

（a）正面

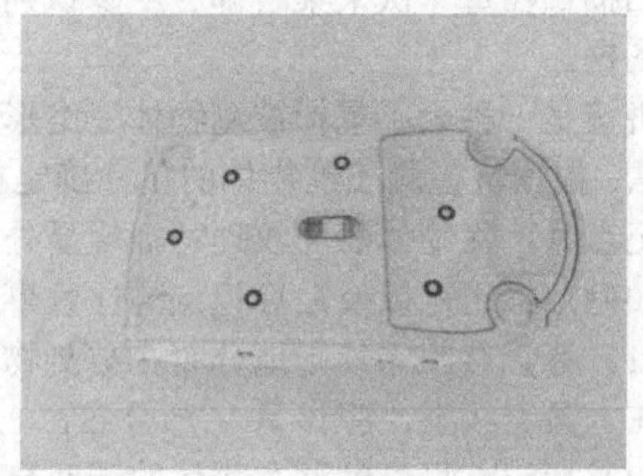

（b）反面

图 4-45　贴点完成后的鼠标产品

4.6 扫描与数据处理

4.6.1 扫描过程

1. 新建工程

如图 4-46 所示，在扫描前先新建工程，为工程新建名称。

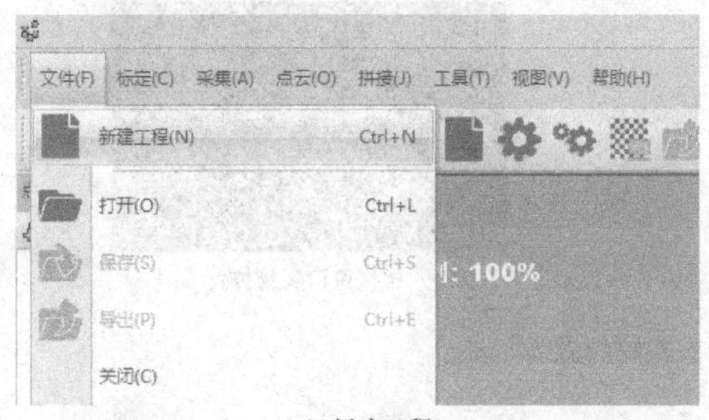

（a）新建工程

（b）工程名称

图 4-46　新建工程

新建工程后进入软件的采集状态，如图 4-47 所示。

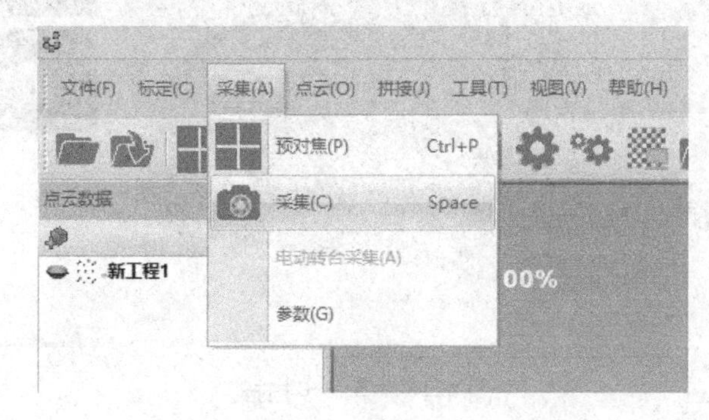

图 4-47　采集状态

2. 扫描

（1）调整扫描距离进行第一步扫描。

将扫描实物鼠标放置在扫描转盘上，在软件采集窗口的实时显示区域观察，确保投射十字位于鼠标实物的中心位置，如图 4-48 所示。

调整好实物位置后开始第一步扫描，如图 4-49 所示，单击工具条中的“采集”按钮，可以看到扫描仪向物体投射变化的条纹光。当条纹光静止时，第一组点云数据采集结束。

（2）将物体移动一定角度进行第二步扫描，实现与第一组点云数据的自动拼接。

第一步扫描结束后，将物体移动到下一个采集位置（一般横向转动角度不要超过 30 度，纵向转动角度不要超过 45 度，平移距离不要超过 3/4 扫描范围，以保证两次采集有足够的标记点作为拼接的依据），重复上面的过程进行第二幅数据采集。如图 4-50 所示，保证与上一步扫描有标记点公共重合的部分，即第二步扫描与第一步能够同时看到至少三个相同的标记点，这样软件就能够识别扫描位置并起到过渡作用，方便软件将两幅扫描图片进行拼接。

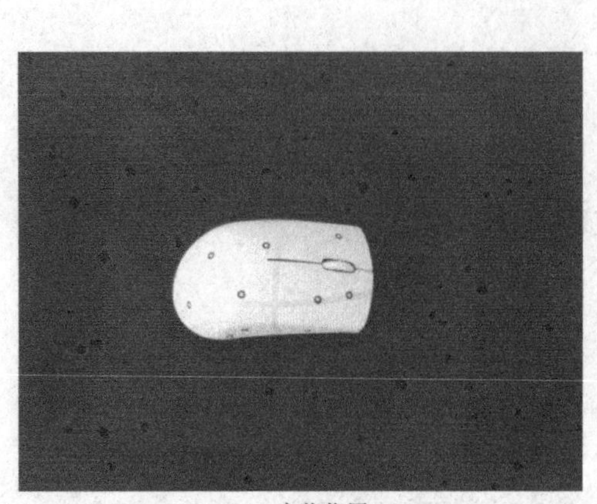

（a）实物位置

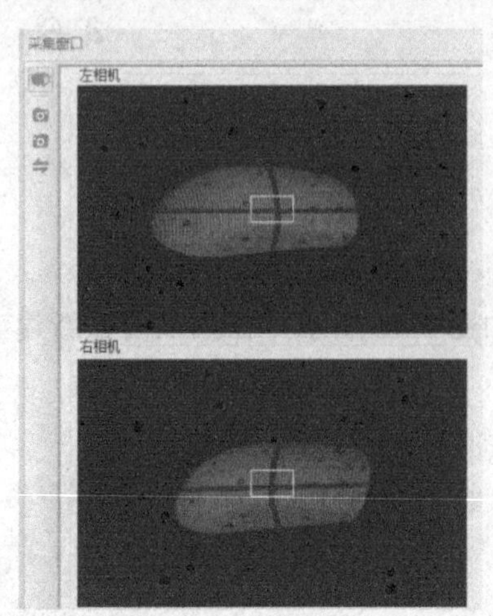

（b）相机窗口实物位置

图 4-48　调整实物位置

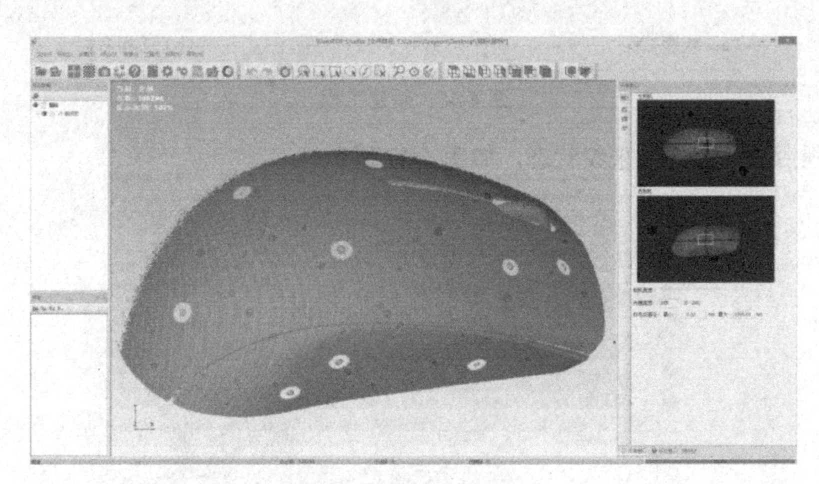

图 4-49　第一步扫描

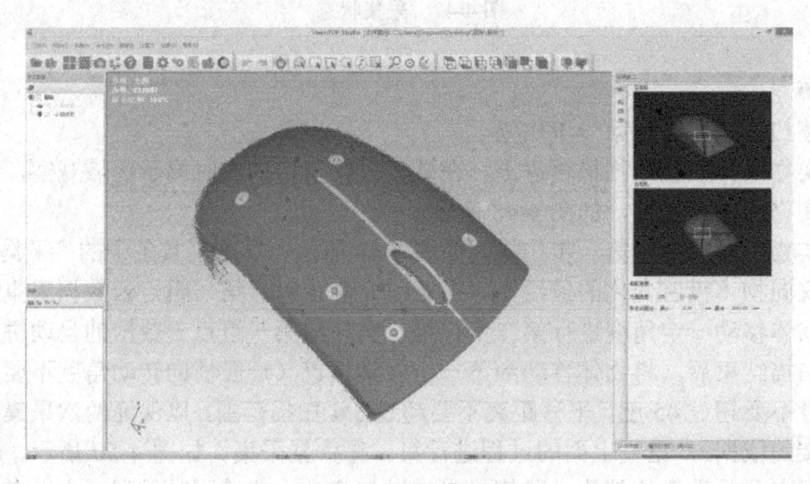

图 4-50　第二步扫描

如果采集后系统提示没有完成拼接，则可能是物体移动位置过大，在点云数据窗口中利用右键删除该幅点云，然后把物体移动到合适的采集位置，继续采集。

（3）类似第二步扫描，向同一方向继续转动一定角度，如图 4-51～图 4-54 所示，完成鼠标正面的扫描。

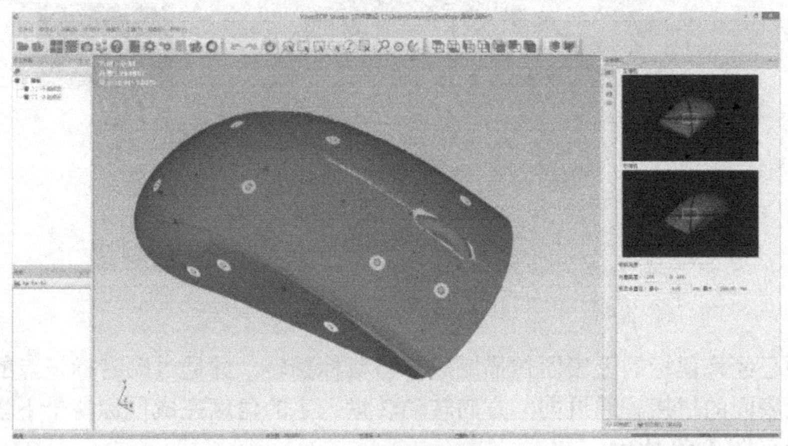

图 4-51　第三步扫描

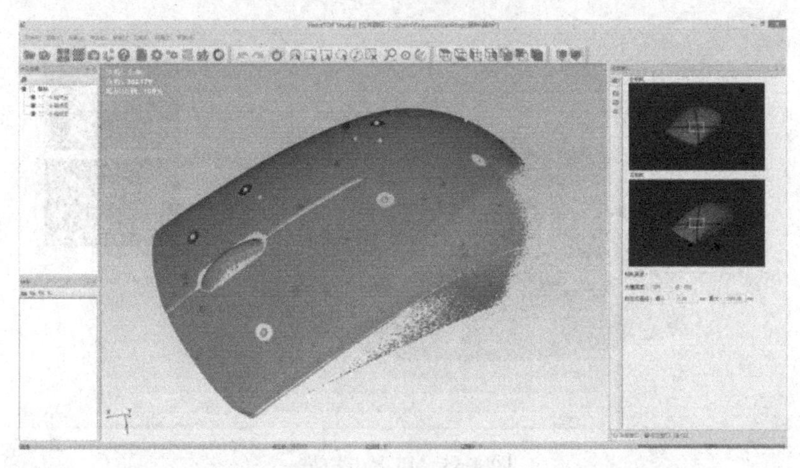

图 4-52　第四步扫描

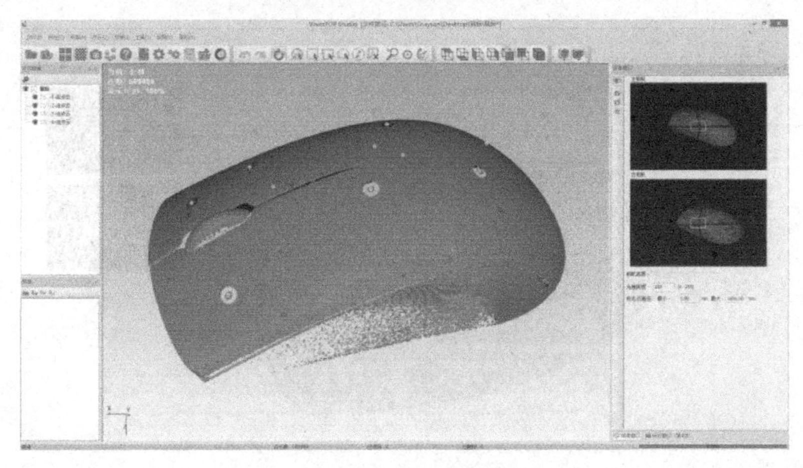

图 4-53　第五步扫描

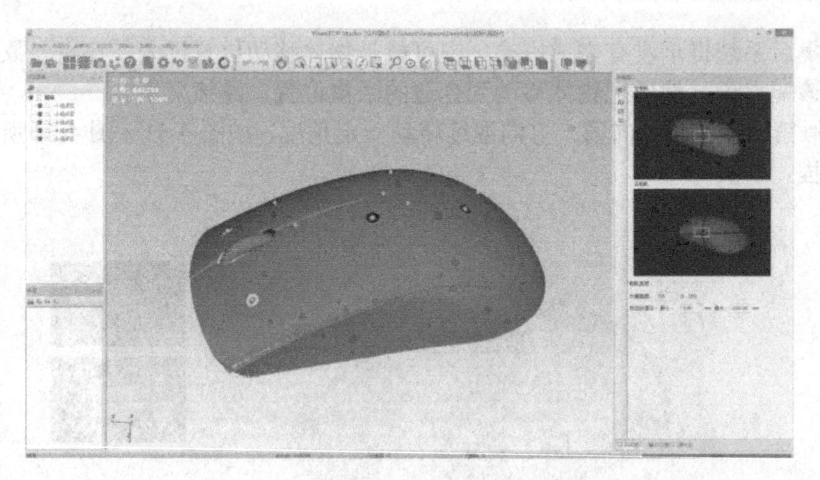

图 4-54　第六步扫描

（4）前面已经将鼠标的上表面扫描完成，将鼠标翻转，并通过贴有标记点的侧面作为过渡面实现与上表面的拼接。通过同一方向转动转盘一定的角度完成鼠标整个下表面的数据扫描，如图 4-55～图 4-58 所示。

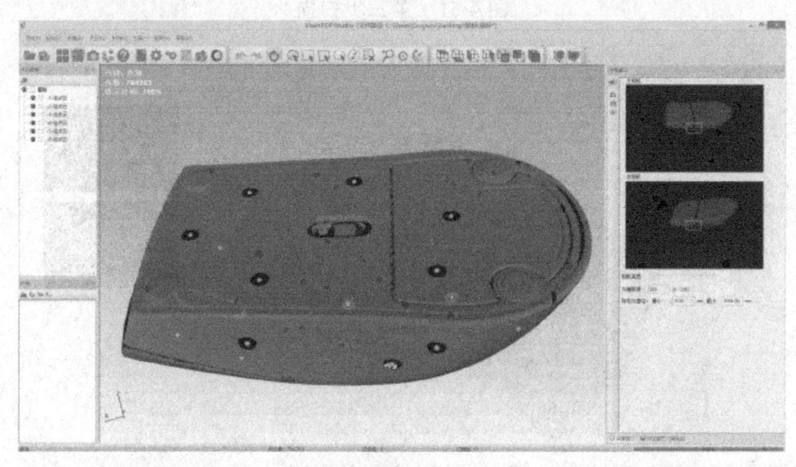

图 4-55　第七步扫描

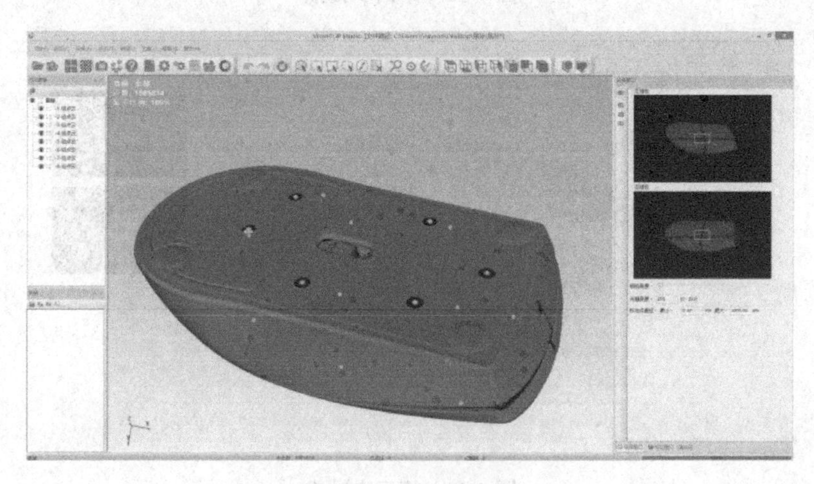

图 4-56　第八步扫描

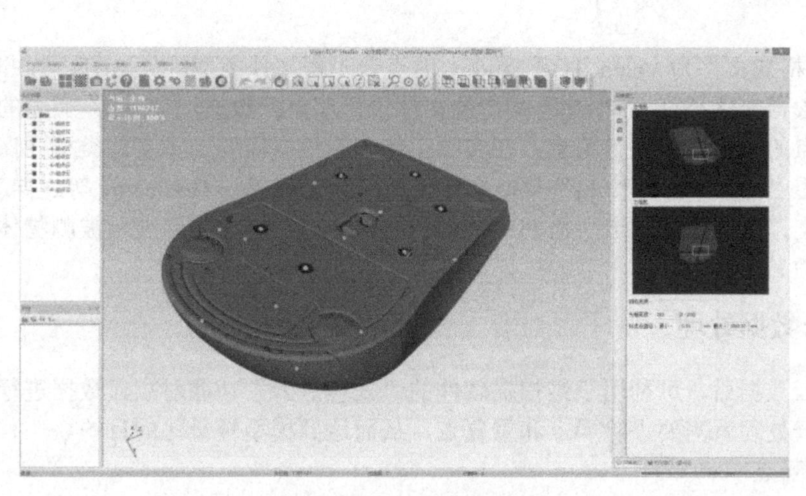

图 4-57 第九步扫描

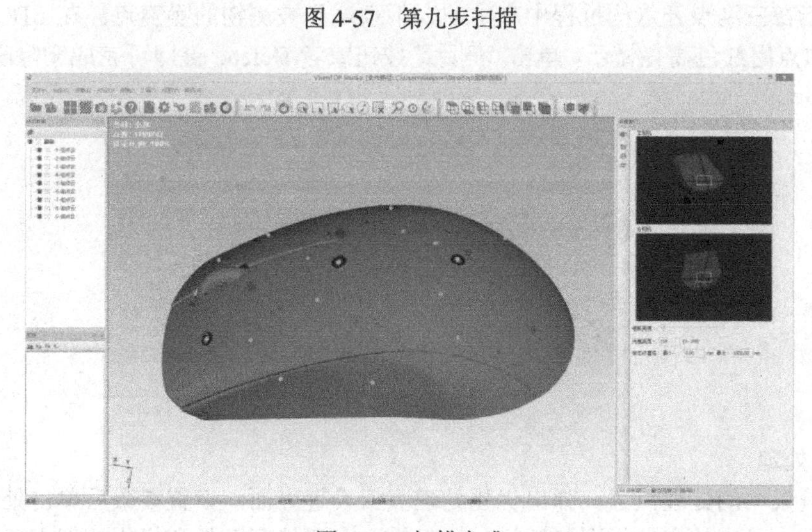

图 4-58 扫描完成

获取的 9 组点云数据如图 4-59 所示，采集的数据三维空间中是以点的形式存在的，统称为点云。

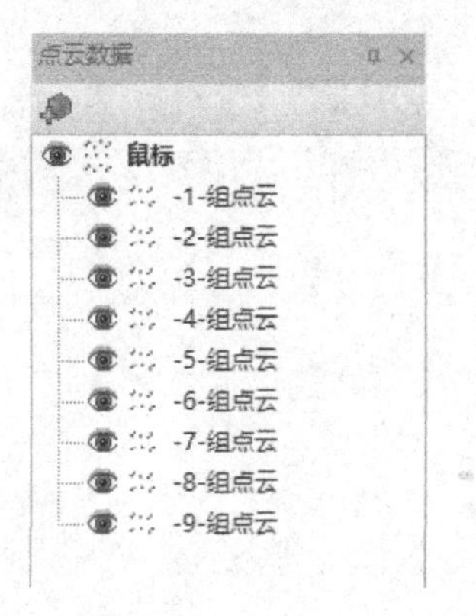

图 4-59 点云数据

数据采集完成后，单击“文件”菜单栏中的“保存”按钮对扫描获取的点云数据进行保存，可将工程保存为“*.asc”格式文件。

“*.asc”格式文件为 Visen TOP Studio 的点云工程文件类型。“*.wrl”“*.obj”格式都为通用的点云数据文件类型。“*.obj”类型的文件仅保存点云数据，“*.wrl”类型的文件可保存点云数据、点的颜色、纹理等信息，在实际工作中应根据需要选择文件类型并保存数据。

一般使用“*.asc”和“*.obj”类型文件将点云数据加载到 Geomagic 等逆向工程软件中，加工点云数据，生成生产制造所需的数据；使用“*.wrl”类型文件展示被测物体的原貌，包括外形和纹理。

4.6.2 点云数据处理

获取点云数据后，可利用三维扫描软件的“处理点云”功能对点云数据进行初步的轻量化处理。点云处理就需要去除噪点和重复点，从而达到模型轻量化的目的。

1）删除噪点

噪点是指在三维点云重构过程中产生的、不隶属于被测物的噪声点。在 3D 窗口中选择噪点，选中的点用红色高亮显示，单击“删除”按钮或者 Delete 键即可完成删除噪点的操作，如图 4-60 所示。

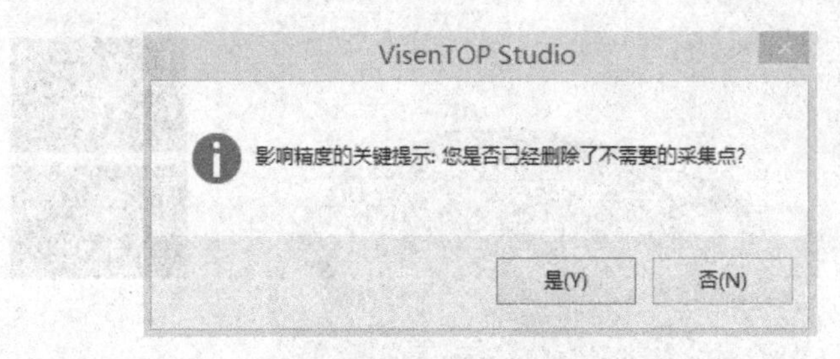

图 4-60 删除噪点

2）点云处理

单击工具条中的处理点云，弹出优化处理点云设置界面，设置参数后单击处理点云即可导出当前数据，导出的文件类型包括“*.asc”等。点云处理工具和优化处理点云参数设置的过程如图 4-61 和图 4-62 所示。

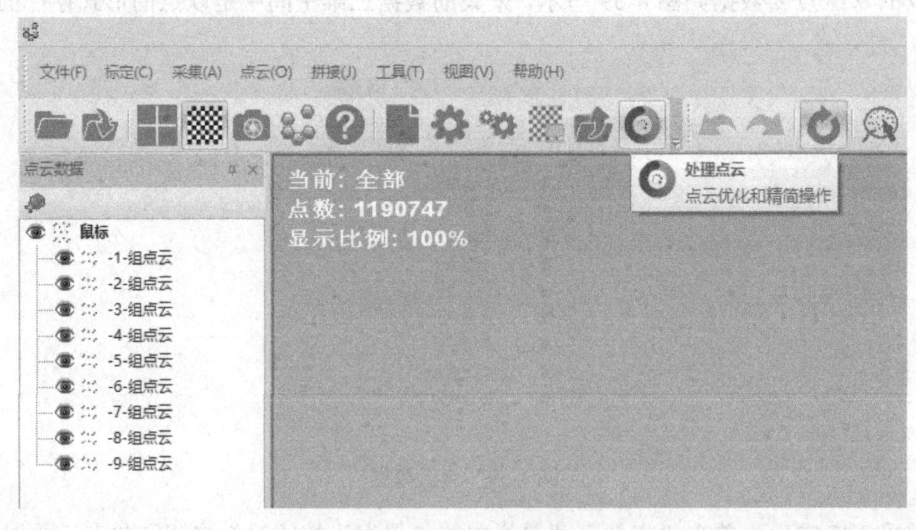

图 4-61 处理点云工具

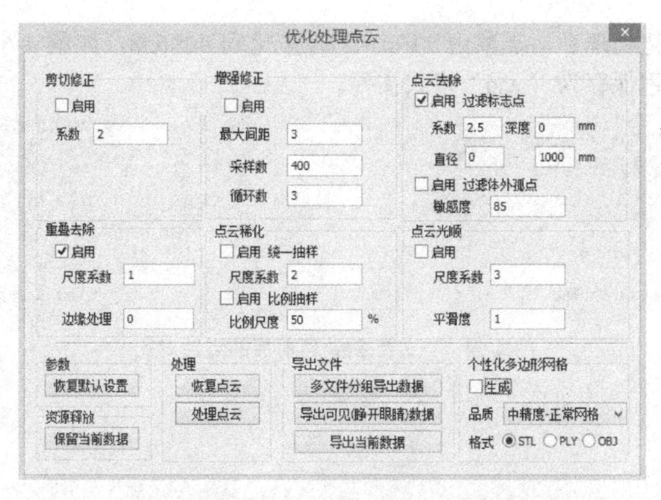

图 4-62　优化处理点云参数设置

鼠标产品点云轻量化处理前后模型对比图如图 4-63 所示。

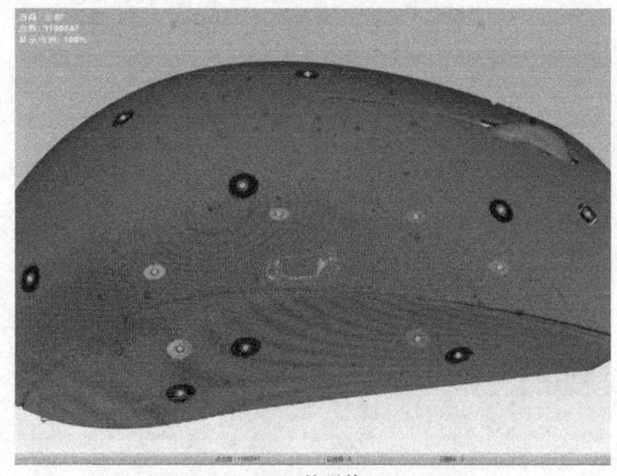

（a）处理前

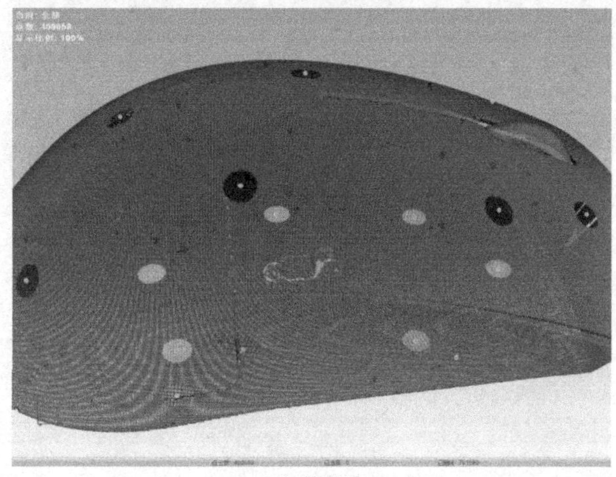

（b）处理后

图 4-63　鼠标产品点云轻量化处理前后模型对比图

点云数据轻量化处理后，点数由 1190747 轻量化到 409658，如图 4-64 所示。点云数据轻量化处理后将工程保存为“.asc”格式文件。

当前：全部
点数：1190747
显示比例：100%

（a）处理前

当前：全部
点数：409658
显示比例：100%

（b）处理后

图 4-64　点云数据处理前后的点数对比

第 5 章　正逆向混合设计

5.1　正逆向混合设计方法

5.1.1　什么是创新设计

创新设计是一种具有创意的集成创新与创造活动，它面向知识网络时代，以产业为主要服务对象，集科学技术、文化艺术、服务模式创新于一体，并涵盖工程设计、工业设计、服务设计等各类设计领域，是科技成果转化为现实生产力的关键环节，正在有力地支撑和引领新一轮产业革命。创新设计理论框架如图 5-1 所示。

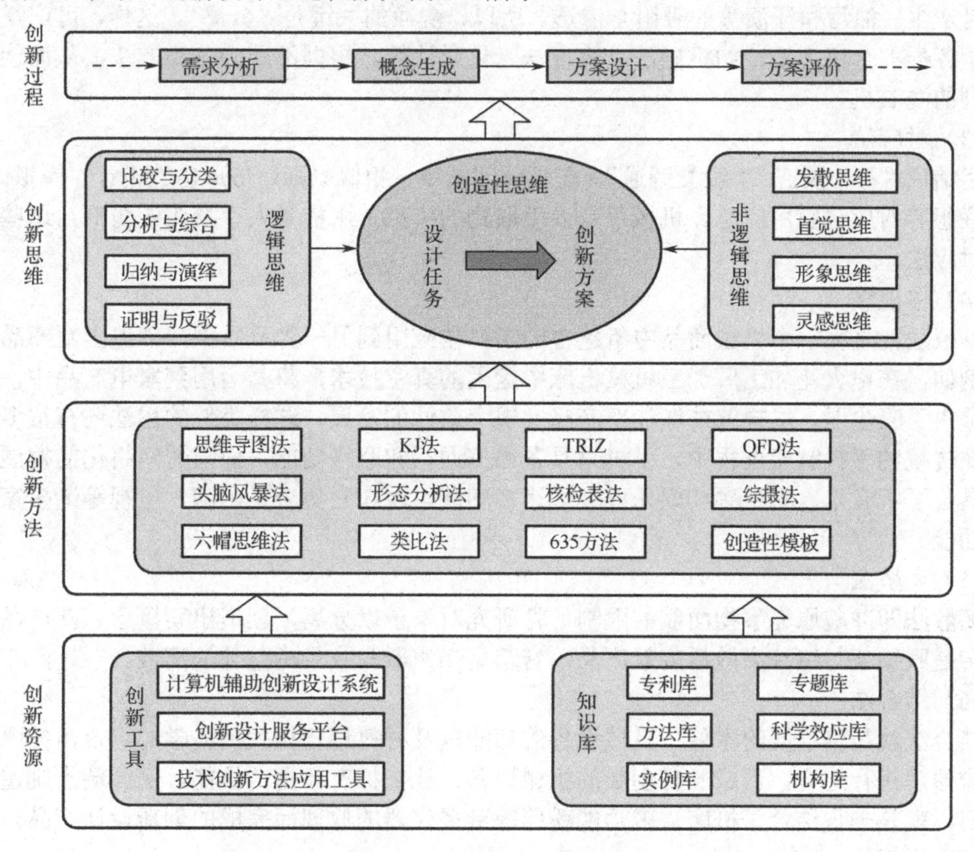

图 5-1　创新设计理论框架

当前的机械结构创新设计是使用人类已经应用的相关科技成果，包括一些相关的理论方法、技术等，进行创造思考，设计出有科学性、实用性的机械产品。这个概念包含两部分内容：第一部分是改善生产以及日常生活中拥有的机械产品的科技创新力；第二部分是创新设计出新型的仪器产品以满足现代化时代的需求。机械结构制造在当前主要是结合了科技哲学、创造学、创新学和机械学等诸多学科的内容，通过探究，让它变成一种有效的理论方法思维。在机械的创新设计中蕴涵了人类创作的思维方式，最后的产品是科技与艺术的结合。

几种机械领域常用的创新设计方法介绍如下：

（1）综合分析法

综合分析法是指在分析各个构成要素的基础上加以综合，形成创造性的新成果。这种综合分析法在设计、创新中广为应用。它可以是新技术与传统技术的综合，也可以是自然科学与社会科学的综合，还可以是多学科成果的综合。所有的机械产品都是高新技术的成果，展示多项学科能力的综合运用。因此对于高科技的产品进行整体的分析，可以从整体的分析过程中获取新的设计想法，从已有的现代机械设计中获取全新的想法。

（2）还原法

还原法是指抓事物的本质，回到根本，抓住关键，将最主要的功能抽出来，集中研究其实现的手段与方法，以得到具有创造性的最佳成果。因此还原法又称为抽象法，其对已经存在的机械设计进行详细的分析，掌握它们的关键点，把机械产品中最重要的性能体现出来。如洗衣机的创造成功是还原法应用的成功例子。洗衣机的本质是“洗”，即还原，而衣物脏的原因是灰尘、油污和汗渍等的吸附与渗透。所以，洗净的关键是“分离”。这样，可广泛地考虑各种各样的分离方法，如机械法、物理法、化学法等。根据不同的分离方法，从而创造出了不同的洗衣机。

（3）对应法

俗话说“举一反三”“触类旁通”。在设计创造中，相似原则、仿形仿生设计、模拟比较、类比联想等对应法应用广泛。机械手是人手取物的模拟，木梳是人手梳头的仿形，这些方法均属对应法。

（4）移植法

移植法就是将一个机械商品中所蕴含的高科技应用到另一种商品中，创造出新商品的方式。例如，在电火花加工厂加工机械机床中运用的真空技术，将其运用到家电产品中，就发明制造出了吸尘器，这样就能够让新产品实现突破性的发展。这样类似的想法还有很多，例如，在传统的手机制造过程中，手机只具备通信通话和联络功能，而随着网络化的发展，手机则具备了听音乐、看视频和娱乐办公等诸多功能，现在它集合了电脑、电视等诸多家电的机械功能。

（5）离散法

离散法即冲破原先事物面貌的限制，将研究对象予以分离，创造出新概念、新产品。隐形眼镜是眼镜架与镜片离散后的新产品，音箱是扬声器与收录机整体的离散。

（6）结合法

结合法就是将不同的零件、机械设备的功能以及材料进行相关的科学的组合，按照专业的机械原理进行结合，形成一种创新的机械设备，让它拥有新型的性能，例如瑞士制造的军用小刀，就是一款结合了机床、多功能粉碎等诸多仪器的原理而完成的创新设计产品。

（7）联想法

联想法是由事物的现象、词语动作等联想到另一件事物的现象、词语或动作的思维方法，利用联想思维进行创作的方法也可称为联想法。联想可以在特定的对象中进行，也可以在特定的空间中进行，还可以进行自由联想，而且这些联想都可以产生新的创造性设想。联想法是一种有效的机械设计方法，借助于几个机械设备中存在的关联性展开相应的联想，由事物的一面联想到另外一面，透过机械设备的表面看到本质，看到设备内部存在相互联系的关系，这是一种内部的联想方法。此外还有相对联想，就是通过一些相对的机械设备展开的创新联想，例如由冷联想到了热，由光联想到了暗。还有对比联想，即通过一个事物联想到了另外一个完全不同的事物，如由鸟在空中飞行联想到建造飞机。

5.1.2 正逆向混合设计方法

产品设计信息的数字化，特别是几何模型的数字化，是设计、制造过程中的基础环节，产品信息数字化模型是基于产品或构件的功能和外形，由设计师在 CAD 软件中构造的，这称为正向工程，正向创新设计过程是一个从无到有的过程，设计人员首先构思产品的外形、性能和大致的技术参数等，然后利用 CAD 技术建立产品的三维数字化模型，最终将这个模型转入制造流程，完成产品的整个设计制造周期。

但在飞机、汽车、工艺美术品和模具等行业的设计和制造过程中，此类产品通常由复杂的自由曲面拼接而成，在概念设计阶段很难用严密、统一的数学语言来描述。因此，许多产品初始模型必须通过对事先制造出的木制或泥塑模型进行数字化生成，这种以实物模型为依据生成几何模型的设计方法即为逆向工程，逆向工程是一个从有到有的过程。简单地说，逆向工程就是根据已经存在的产品模型反推出产品的设计数据，包括设计图样或数字模型的过程。

随着计算机技术、数控技术和激光测量技术的飞速发展，逆向工程的内涵与外延都发生了深刻变化。通过对已有的产品进行解剖、深化和再改造，进而快速开发、制造出高附加值、高技术水平的新产品，而对已有设计进行创新设计则是正逆向混合设计，其工作流程如图 5-2 所示。

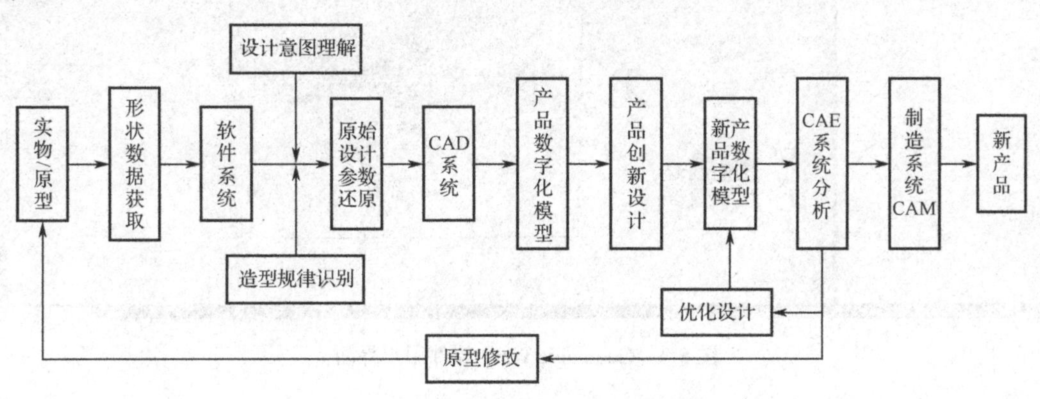

图 5-2 正逆向混合设计工作流程

5.2 逆向建模方法

Geomagic 公司的三大软件：扫描数据处理软件 Geomagic Wrap、参数化逆向工程软件 Geomagic Design X、自动化三维检测软件 Geomagic Control X，可以实现三维模型的逆向建模。

5.2.1 基于 Geomagic Wrap 的模型处理

Geomagic Wrap 是一款 3D 模型数据转换软件，具有点云和多边形编辑功能以及强大的造面功能。Geomagic Wrap 能够以最为易用、低成本、快速而精确的方式将扫描文件从点云过渡到可立即用于下游工程、制造、艺术和工业设计等的 3D 多边形和曲面模型。该软件所提供的数字工具可以创建能够在 3D 打印、数控加工、存档及其他用途中直接使用的完美数据。其可用的脚本和宏功能能够在逆向工程流程中实现重复任务功能的自动化。

利用 Geomagic Wrap 能够将点云数据、探测数据和导入的 3D 格式转换为 3D 多边形网格，以用于制造、分析、设计、娱乐、考古和分析。

5.2.1.1 软件功能

1. 软件界面

Geomagic Wrap 是一款 3D 模型数据转换软件，软件用户界面如图 5-3 所示，由标题栏、菜单栏、工具栏（分为多个工具组）、模型管理器、对话框、状态栏和模型显示区等部分组成。

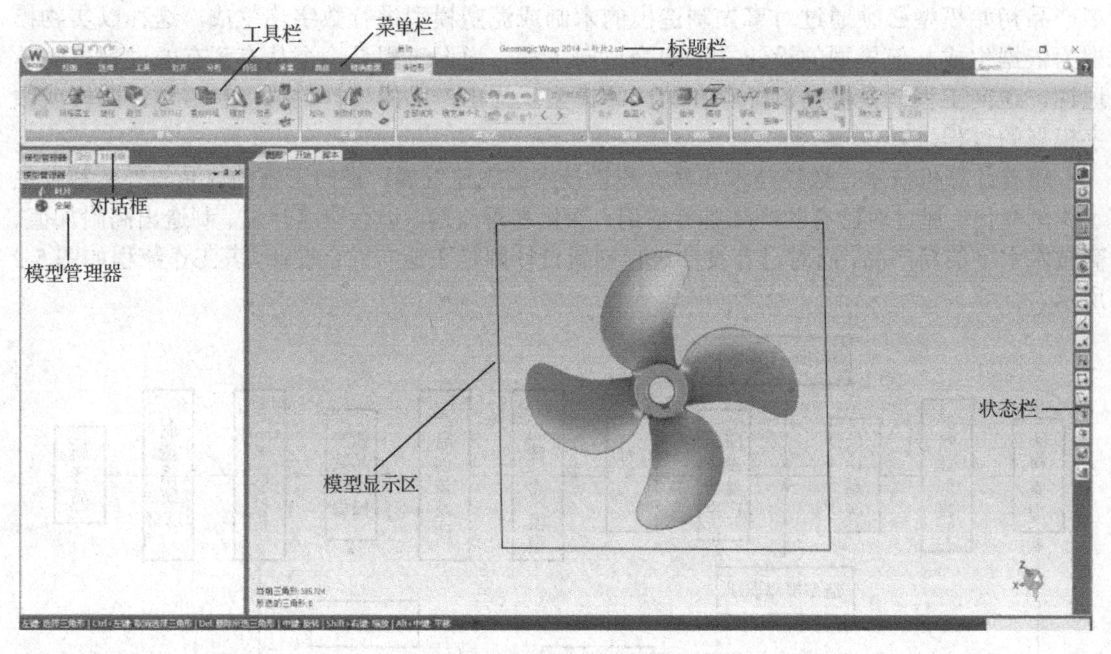

图 5-3 Geomagic Wrap 软件用户界面

2. 软件功能

Geomagic Wrap 是一款功能非常强大的 3D 模型数据转换软件，将其和其他相同类型的软件进行相互比较的话，这款软件的功能强大，并且也非常专业，软件涉及的领域相当广泛。

Geomagic Wrap 软件的具体功能如下：

（1）使用一键 AutoSurface 功能精确显示表面；

（2）可从各种来源的 3D 扫描数据中快速创建多边形模型；

（3）可用于清理 3D 扫描数据；

（4）Patch 命令可用于准确修复 3D 模型的数据；

（5）可基于 3D 扫描数据快速创建精确的多边形模型；

（6）具有强大的 Remesh 工具，可快速、准确地重新导入软件的多边形模型，以便在下游立即使用，直接从点云创建草图，实现产品的快速开发；

（7）其脚本功能可实现重复操作的自动化和自定义功能的创建；

（8）支持所有行业标准的3D文件格式，包括“*.3ds”“*.obj”，以及VRML等。

3. 软件模块

Geomagic Wrap软件的逆向建模过程主要包括10大模块：视图模块、选择模块、工具模块、对齐模块、分析模块、特征模块、采集模块、曲线模块、精确曲线模块、多边形模块。

1）视图模块

该模块的主要功能是设定活动对象的可见色、调整用户的对象视图、生成等轴侧视图、渲染纹理、切换管理面板的方式、重置布局等。

2）选择模块

该模块的主要功能包括如下：

（1）数据：包括“按曲率选择”“选择边界”“选择组件”“选择依据”“扩展”“收缩”。

（2）模式：包括“选择模式”“按角度选择”“选择后面”。

（3）工具：包括“选择工具”和“定制区域”。

3）工具模块

该模块的主要功能如下：

（1）截屏：包括“采集”和“快照”，将界面的图像保存到用户指定的文件中。

（2）创建：包括“新对象”“覆盖点”“模拟扫描”。

（3）修改：对模型进行缩放、镜像。包括“单位”“缩放模型”“镜像模型”。

（4）移动：手动控制对象以平移和旋转，编辑、保存和载入转换矩阵，包括“转换”“对象移动器”“重定位模型”“重置模型”“移动”。

（5）颜色：编辑和调整对象所选区域的颜色命令，生成并管理纹理贴图。包括“纹理贴图”“编辑颜色”“调整颜色”。

（6）管理：为活动对象创建自定义坐标系的工具。

（7）宏：停止与运行宏命令。包括“记录”“停止”“运行”。

（8）高级：包括“日志”“启动命令”“批处理”。

4）对齐模块

该模块的主要作用是实现模型的坐标系对齐，将对象移动到更方便建模的空间位置上，可实现与用户自定义坐标系、世界坐标系和原始CAD数据对齐，该模块主要功能如下。

（1）扫描拼接：包括“手动注册”“全局注册”“探测球体目标”“目标注册”“清除目标”。其中，“手动注册”是指在重合区内定义对应点以允许用户创建两个或更多重合扫描数据的初始拼接。“全局注册”是指对两个或更多初始拼接后的点对象或多边形对象的精细拼接。“目标注册”是指根据探测球体目标找到的点特征对齐两个以及更多的点或多边形对象。

（2）对象对齐：包括“*N*点对齐”“最佳拟合对齐”“RPA对齐”“基于特征对齐”“对齐到全局”。“*N*点对齐”是指选择的每个对象至少有三个对应点实现对齐。“最佳拟合对齐”是指移动一个浮动对象到另一个固定对象上。固定对象是在模型管理器里被选中的对象，浮动对象（被移动的对象）是在对话框里选择的对象（固定对象不能是点对象）。“RPA对齐”是指根据配对的参考点移动一个或多个对象以共享坐标系位置。“基于特征对齐”是指根据配对的特征使两个对象对齐以共享同一坐标系位置。“对齐到全局”是指使对象的特征与世界坐标系的平面、轴或者原点对齐。

5）分析模块

该模块的主要作用是实现对象的分析，计算距离、体积、重心、面积、坐标等功能，主要功能如下。

（1）比较：包括“偏差”和“编辑色谱”。

（2）测量：包括“距离”“计算”“点坐标”。

6）特征模块

该模块的主要作用是识别对象结构现存的特征，并为它们分别指定名称，以便分析、对齐和修改现有的特征。主要的功能如下。

（1）创建：进入创建模式，可识别直线、圆、椭圆槽、矩形槽、圆形槽、点目标、直线目标、点、球体、圆锥体、圆柱体、平面。“探测特征”是指识别多边形对象结构内现存的所有平面、圆柱面、圆锥面和球面，并为它们分别指定名称。

（2）编辑：包括“编辑特征”“复制特征”“转换”“修改网络”。

（3）显示：切换特征的显示方式。包括“特征可见性”和“特征显示”。

（4）输出：在 Geomagic 软件和支持的 CAD 工具包之间交换参数化实体。

7）采集模块

该模块的主要作用是通过外部的设备采集数据，并直接将数据存储到模型管理器内。主要功能如下。

（1）设备：创建与外部设备的连接。

（2）对齐：包括“管理坐标转换”“温度补偿”“快速对齐”“原点到全局”“移动设备”。

（3）采集：包括“扫描”“硬测点”“硬测截面”“硬测特征”。“扫描”是指插件是扫描仪或硬测头设备的接口。它能采集数据并直接将数据存储到模型管理器内。插件还包含校准功能和相关设备的设置选项。“硬测点”是指可以自动按一定时间或一定间距采集点。“硬测截面”是指在指定位置使用截面屏幕采集“硬测点”。此命令同时也能将每个截面上的点拟合成曲线。“硬测特征”是指通过从特征类型中选择某种特征，并用硬测头探测实物，快速创建特征。

（4）测量：使用硬测头采集，可以快速实现特征之间的测量。

（5）选项：包括“插件选项”和“声控命令”。

8）曲线模块

该模块的主要作用是创建绘制曲线。主要的功能如下。

（1）自由曲线：包括“从截面创建”“从边界创建”“重新拟合”“编辑草图”“分析”“删除”“合并”“投影”“创建点”。“从截面创建”是指在对象与平面相交的地方创建一个三维对象的二维轮廓线，或在对象与多个平行平面相交的地方创建多个平行轮廓线，并将轮廓线存储在曲线对象内。“从边界创建”是指通过多边形对象上的一条或多条边界线创建一个曲线对象。“重新拟合”是指将样条曲线转为线弧剖面曲线以对其进行修改。“编辑草图”是指直接在 2D 草绘图里创建或者修改直线、圆弧或者圆。“分析”是指显示曲线对象的图形分析和数学分析。“删除”是指删除曲线对象（不是全部曲线对象）。要删除一条或多条线段，可在模型管理器内突出显示曲线对象，然后单击图形区域内的特殊线段，使用删除曲线功能或按下删除键。“合并”是指将两个或多个曲线对象合并为一个单独的曲线对象，并从模型管理器删除原有的曲线对象。

（2）已投影曲线：包括“绘制”和“抽取”。“绘制”是指允许在点或多边形对象上徒手绘制和控制曲线。“抽取”是指创建可跟踪对象弯曲度的投射曲线。

（3）“输出”：允许模型数据发送到另一个应用程序，作进一步的分析，包括“参数交换”“发送到”。

9）精确曲线模块

该模块的主要作用是实现 NURBS 曲面的创建，并进行修复和检查。主要的功能如下。

（1）“自动化曲面”：以最少的用户交互自动创建 NURBS 模式。

（2）“编辑”：包括“修理曲面片”“构造格栅”“拟合曲线”“删除”。“修理曲面片”是指逐步查看曲面片布局的问题区域以进行检查和修复。“构造格栅”是指在对象上的每个曲面片内创建一个有序的 u-v 网格。“拟合曲面”是指在对象上生成一个 NURBS 曲面。

（3）“分析”：生成选择的对象间不同偏差的颜色偏差图。

（4）“转换”：将活动对象转为多边形对象。

10）多边形模块

该模块的主要作用是对多边形数据模型（即面片数据）进行优化处理和修补，通过修复面片数据上错误网格，利用平滑、锐化、编辑境界等方式优化面片数据。主要功能如下。

（1）修补：修复多边形网格内的缺陷。包括“网格医生”“简化”“平面剪裁”“去除特征”“重画网格”“雕刻”“流形”“优化网格”“增强网格”“修复工具”。“网格医生”是指自动修复多边形网格内的缺陷。“简化”是指减少三角形的数目但不影响曲面细节或颜色。“优化网格”是指对多边形网格（或选择的部分）重分三角形，不必移动底层点以试图更好地定义锐化和近似锐化的结构。“修复工具”是指完善多边形网格的一组命令。

（2）平滑：包括“松弛”“删除钉状物”“减少噪声”“砂纸”。“删除钉状物”是指检测并展平多边形网格上的单点尖峰。“减少噪声”是将点移至统计的正确位置以弥补噪声（如扫描仪误差），噪声会使锐边变钝或使平滑曲线变粗糙。

（3）填充孔：填充多边形对象上的孔。包括“全部填充”和“填充单个孔”。“全部填充”是指主动填充多边形对象上的所有选择孔。“填充单个孔”是指根据填充孔的设置，填充在图形区域内的一个孔。

（4）联合：是指将选择的两个或多个多边形对象合并为单独的复合对象。该命令可自动执行降噪、全局配准与均匀抽样，并能将模型管理器内产生的多边形对象放到合并的对象内。

（5）偏移：包括“抽壳”和“偏移”。“抽壳”是指允许创建一个封闭体。“偏移”是指使多边形网格凸起和凹陷精确数量的一组命令。

（6）边界：包括“修改”“创建”“移动”“删除”。

（7）锐化：包括“锐化向导”“延伸切线”“编辑切线”“锐化多边形”。

（8）转化：是指通过移除三角面而保留优先权的点云，将多边形对象转换到点云对象。

5.2.1.2 数据处理方法

1. 数据类型

原始点云数据中的每个点都具有特定的三维坐标值，即在空间相应的位置信息，如图 5-4 所示。原始点云数据需要通过数据测量与采集获得，常用的点云数据获取方法有三维数字化扫描仪、三坐标测量机、工业 CT 和激光扫描测量仪等，使用扫描仪获取的原始点云数据一般都自动包含法向信息。

图 5-4　原始点云数据

在获取点云数据过程中不可避免地会获得噪声点和误差等，因此必须对点云数据进行适当的处理，对噪声点进行删除，对重复点进行删除、精简，同时对缺失的点云数据进行补偿。

对于一些形状复杂的点云数据，经过数据处理，按照其几何属性分割，采用匹配与识别几何特征的方法获取零件原型的特征，最终可被分割成特征相对单一的块状点云数据，应用于后续逆向建模过程。

2. 模型处理流程

本实例通过叶片这一工业应用广泛的典型工业产品，介绍 Geomagic Wrap 软件的主要模型处理步骤。

1）导入数据

选择菜单“插入”→“导入”命令，选择扫描数据模型文件，单击“打开”按钮。导入的叶片数据如图 5-5 所示。

图 5-5　导入的叶片数据

2）点云数据初处理

点云数据初处理一般包括平滑、细分和消减操作。（1）平滑操作：选择工具栏命令“点”→“选择体外孤点”→“确定”→“删除”；（2）细分操作：“选择非连接项”→“应用”→“确定”→“删除”；（3）消减操作：“减少噪声”→“迭代2次”。具体过程如图5-6所示。

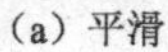

（a）平滑

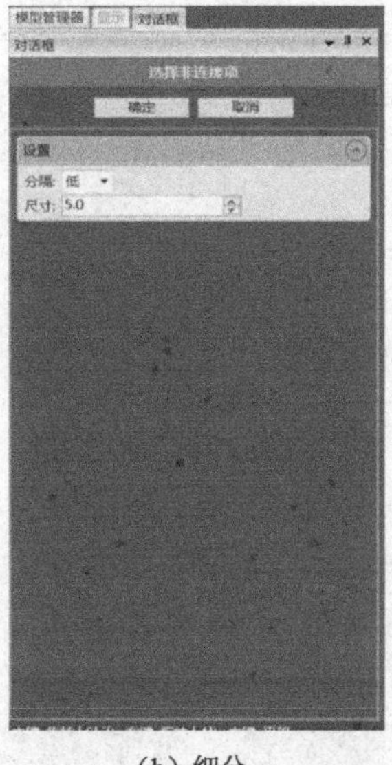

（b）细分

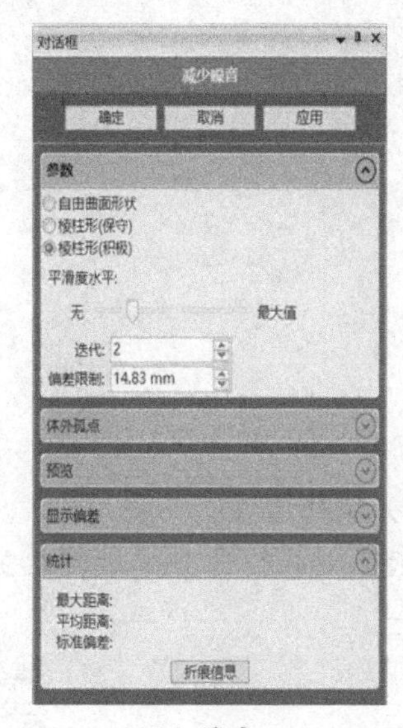

（c）消减

图5-6　点云数据初处理

3）封装

选择工具栏命令“封装”→“高级”→“边缘最大数目5”→“确定”，封装过程对话框如图5-7所示。封装前后对比如图5-8所示。

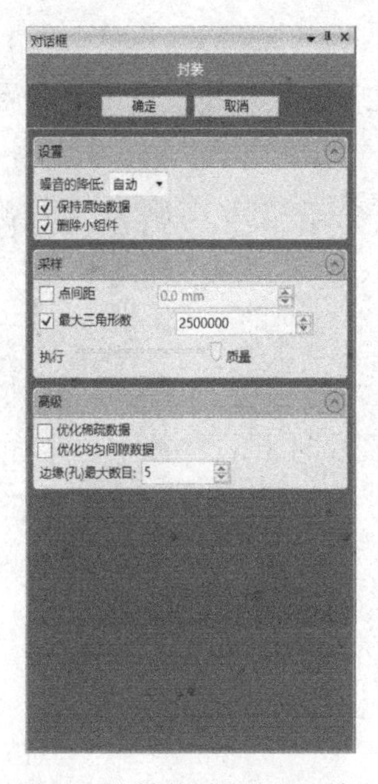

图5-7　“封装过程”对话框

（a）封装前

（b）封装后

图 5-8　封装前后对比

4）选择边界

选择工具栏命令“选择边界”→“确定”→“多边形”→“删除”，对话框如图 5-9 所示。

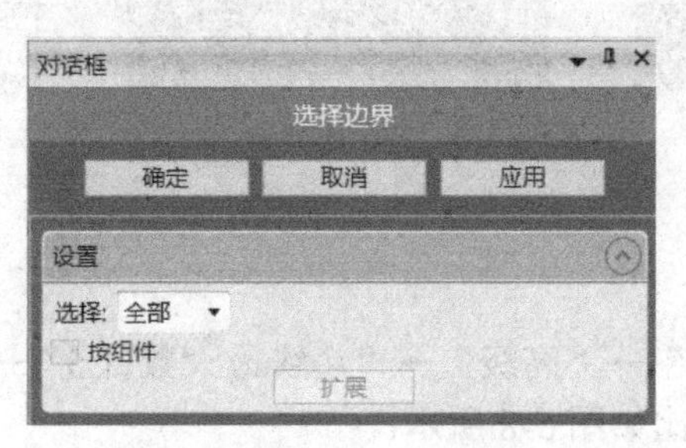

图 5-9 “选择边界”对话框

5）填充孔

选择工具栏命令“填充单个孔”→“切线”→“单击需要填充的孔”→“填充单个孔”，填充孔前后对比如图 5-10 所示。

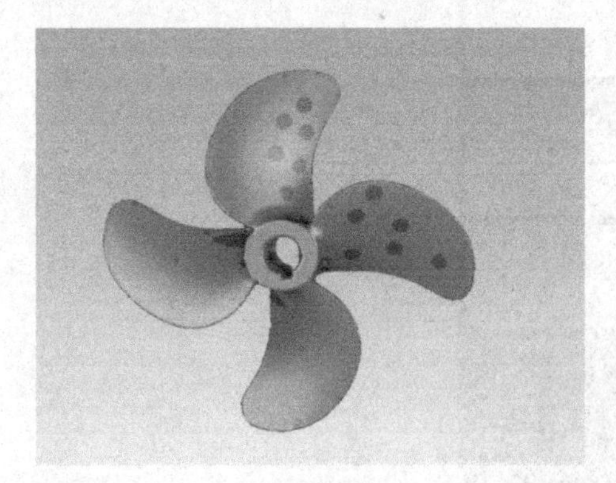

（a）填充前

（b）填充后

图 5-10　填充孔前后对比

6）删除钉状物

选择工具栏命令“删除钉状物”→“应用”→“确定”→“网格医生”→“应用”→“确

定”。“删除钉状物”对话框如图 5-11 所示，“网格医生”对话框如图 5-12 所示。

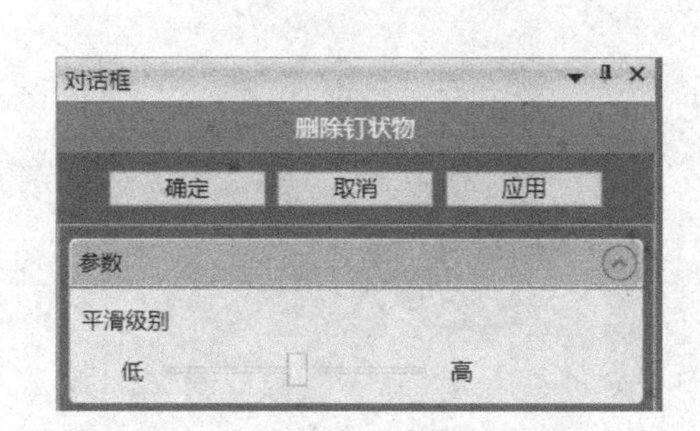

图 5-11 “删除钉状物”对话框

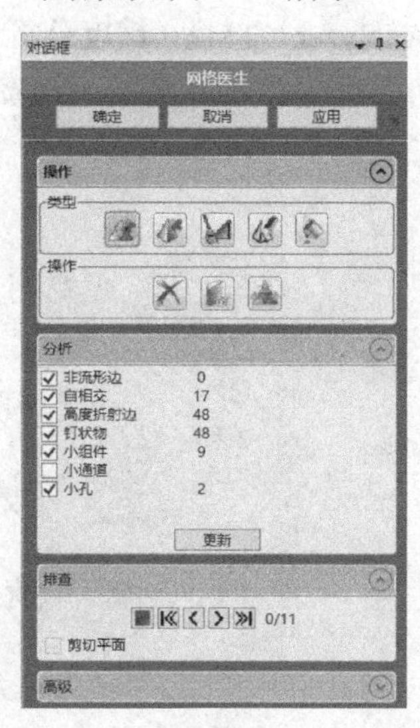

图 5-12 “网格医生”对话框

7）对齐

选择工具栏命令“对齐”→“对齐到全局”→“*XZ* 与平面 1 创建对”→“*YZ* 与平面 2 创建对”→“确定”。

8）保存.stl 文件

如图 5-13 所示，基于 Geomagic Wrap 软件的点云数据处理完成，接下来介绍基于 Geomagic Design X 的逆向建模过程。

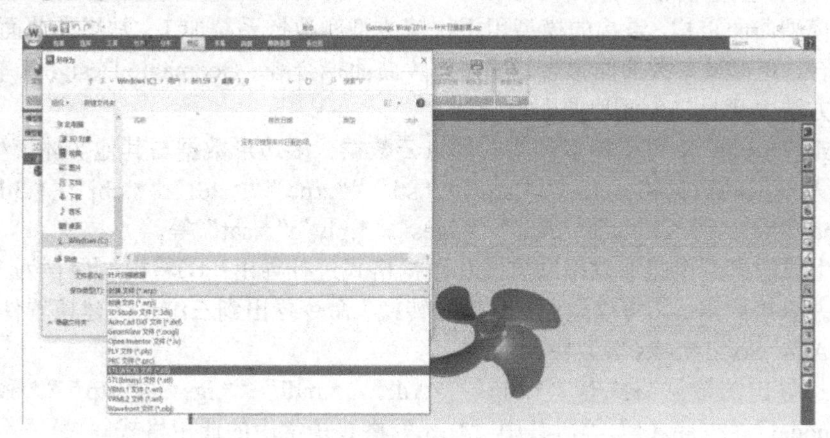

图 5-13 保存.stl 文件

5.2.2 基于 Geomagic Design X 的逆向建模

5.2.2.1 软件功能

1. 软件界面

Geomagic Design X 是一款参数化设计的逆向工程软件，软件用户界面如图 5-14 所示，由标题栏、菜单栏、工具栏（分为多个工具组）、模型显示区、特征树、模型树、对话框、Accuracy Analyzer（TM）（精度分析）、状态栏等部分组成。

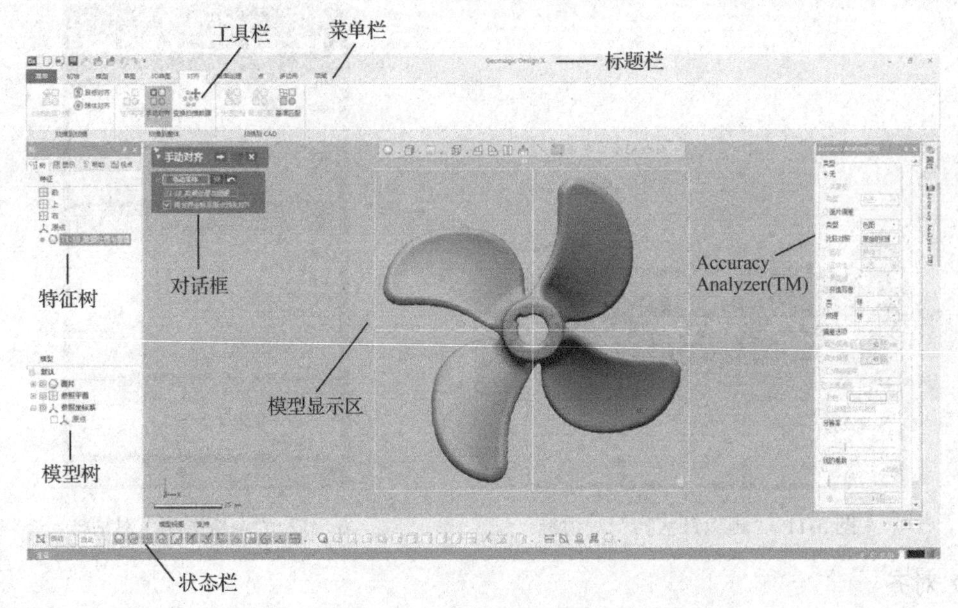

图 5-14　Geomagic Design X 软件用户界面

2. 软件功能

Geomagic Design X 软件结合了传统 CAD 软件与 3D 扫描数据处理功能，能创建可编辑、基于特征的 CAD 实体模型，并与现有的 CAD 软件兼容。CAD 模型重建是指利用得到的三维数据进行模型曲面重构，重构的模型用于快速成型和数控系统加工。常用的曲面重构方法：函数曲面拟合、矩形域参数曲面拟合、三角面片曲面拟合等。Geomagic Design X 软件中使用的曲面重构方法主要是三角面片曲面拟合法。

Geomagic Design X 可支持多种格式的点云数据、多边形数据与其他实体模型数据的导入，支持导入模型的数据格式有："*.stp""*.stl""*.xpc""*.xdl""*.obj""*.3ds""*.wrl""*.icf""*.mdl""*.asc""*.pts""*.fcs""*.iges""*.ply""*.sat"等。

同时，生成的模型也能够以不同方式和数据格式进行导出：①将模型保存为".stl"等通用格式文件并直接导出；②将模型通过"实时转换"命令导出到三维正向建模软件（如 Creo、UG、AutoCAD、SolidWorks 等）中。

模型支持导出的数据格式有"*.bip""*.xdl""*.mdl""*.igs""*.stp""*.sat""*.sab""*.bip""*.model""*.catpart"等，其中"*.stp"格式是常用的通用格式。

Geomagic Design X 软件的具体功能如下。

1）参数化设计：采用基于参数化设计的建模方法，智能向导从扫描数据创建 CAD 特征，Accuracy Analyzer（精度分析功能）可以保证模型精度，利用强大的点云和三角面片处理功能实现混合实体和曲面建模，可涵盖不同的零件类型。

2）正逆向混合设计：即使扫描数据不完整，也可以利用正逆向混合设计功能进行建模。

3）快速建模：在软件界面、命令设置、建模流程上与原始模型的 CAD 软件非常相似，其设计工具可以快速对扫描数据创建精确的特征信息。

3. 软件模块

Geomagic Design X 软件的逆向建模过程主要包括 9 大模块：初始模块、模型模块、草图模块、3D 草图模块、对齐模块、曲面创建模块、点处理模块、多边形模块、领域模块。

1）初始模块

初始模块的主要作用是实现文件的打开与保存等操作、对扫描方式的选择、建模数据实时转换到 SolidWorks 等正向建模软件。

2）模型模块

模型模块的主要作用是实现对实体模型和曲面的编辑，主要功能如下。

（1）“创建实体”：包括“拉伸”“回转”“放样”“扫描”“基础实体”。

（2）“创建曲面”：包括“拉伸”“回转”“放样”“扫描”“基础曲面”。

（3）“向导”：进行面片拟合，获取“放样向导”“拉伸精灵”“回转精灵”“扫描精灵”等快捷向导命令。

（4）“参考几何图形”：构建“参考坐标系”获取“参考几何图形”，包括点线面。

（5）“编辑实体模型”：进行实体模型的编辑，包括“切割”“布尔运算”“圆角”“倒角拔模”“壳体”“赋厚曲面”“押出成形”。

（6）“编辑曲面”：进行曲面的编辑，包括“剪切曲面”“延长曲面”“缝合曲面”“曲面偏移”“反转法线方向”“面填补”。

（7）“阵列”：“镜像”与“阵列”（线性阵列、圆形阵列、曲线阵列）相关实体与平面。

（8）“体”：实体的“移动”“删除”。

（9）“面”：曲面的“分割”“移动”“删除”“替换”。

3）草图模块

草图模块是正向设计模块，草图的绘制与正向三维建模软件中的绘制方式一致，其主要作用是实现草图与面片草图的绘制，草图模式是在已知平面上进行草图的绘制。面片草图模式是根据面片或点云提取断面轮廓或轮廓多段线，再根据所提取的多段线创建 2D 几何形状，利用草图要素的约束条件来创建完全参数化的模型，面片草图模式可以从扫描数据中提取正确的设计意图。该模块主要功能如下。

（1）“绘制”：进入草图模式，绘制直线、圆弧、圆、矩形、样条曲线、椭圆、长穴等，在绘制过程中可利用自动草图和智能尺寸功能实现草图的快速绘制。

（2）“工具”：在草图绘制过程中对草图要素进行“剪切”“偏置”“延长”“分割”“合并”“变换要素（轮廓投影、变换为样条曲线）”等。

（3）“阵列”：对草图要素进行镜像与阵列（线性阵列、圆形阵列）。

（4）“约束条件设置”：设置草图约束条件、设置样条曲线的控制点。

4）3D 草图模块

3D 草图模块的主要作用是实现 3D 草图和 3D 面片草图的绘制，3D 草图可在空间或任意特征上自由绘制 3D 曲线，可应用于获得管道的中心线或创建放样、扫描路径。3D 面片草图是根据点云或面片绘制编辑 3D 曲线，曲线会投影到点云或面片上，在 3D 面片草图模式下创建的曲线可应用于创建境界拟合曲面。该模块的主要功能如下。

（1）“绘制样条曲线”：包括直接绘制样条曲线和间接获取样条曲线，间接获取样条曲线包括“偏移”“断面”“镜像”“境界”“变换要素”“曲面上的 UV 曲线”“交差”“投影”。

（2）“编辑样条曲线”：对样条曲线进行“剪切”“延长”“匹配”“平滑”“分割”“合并”操作。

（3）“创建/编辑补丁网格”：包括“提取轮廓曲线”“构造面片网格”“移动面片组”。

（4）“设置样条曲线参数”：设置样条曲线的终点和插入点数。

5）对齐模块

对齐模块的主要作用是实现模型的坐标系对齐，将扫描的面片（或点云）数据从原始位置移动到更方便建模的空间位置，可实现与用户自定义坐标系、世界坐标系和原始 CAD 数据进行对齐，该模块的主要功能如下。

（1）“扫描到扫描”：实现将扫描数据（面片或点云）对齐到另一扫描数据，包括“扫描数据对齐”“目标对齐”“球体对齐”。“扫描数据对齐”是指将面片或点云对齐到其他面片或点云，对齐方法包括自动对齐、拾取点对齐、整体对齐。“目标对齐”是指扫描数据实时更新，实现模型的实时自动对齐。“球体对齐”是指通过匹配对象中的球体数据，实现粗略对齐多个扫描数据。

（2）“扫描到整体”：实现将扫描数据（面片或点云）对齐到世界坐标系，包括“对齐向导”“手动对齐”“变换扫描数据”。“对齐向导”是指自动生成并选择模型的局部坐标系，通过将局部坐标系与世界坐标系对齐的方法，实现模型对齐到世界坐标系中，一般适用于回转体的规则几何形体。“手动对齐”是一种应用广泛的坐标系对齐方法，通过选取扫描模型中的基准特征或选取点云数据中的领域，与世界坐标系中的坐标轴或坐标平面匹配，使模型与世界坐标系对齐。“变换扫描数据”是指对面片或点云实现移动、旋转或缩放操作，主要是通过移动鼠标或修改扫描数据参数来实现的。

（3）“扫描到 CAD”：实现将扫描数据（面片或点云）对齐到原始 CAD 数据，包括“快速匹配”“最佳匹配”和“基准匹配”。“快速匹配”是指粗略地自动将扫描数据对准到曲面或实体。“最佳匹配”是指利用要素之间的重合特征自动对齐扫描数据和模型。“基准匹配”是指通过选择基准，将扫描数据对齐到模型或坐标中。

6）曲面创建模块

曲面创建模块的主要作用是实现 NURBS 曲面的创建，主要功能如下。

（1）“自动曲面创建”：自动实现 NURBS 曲面的创建。

（2）“创建/编辑补丁网格”：包含“补丁网格（进入曲面片网格模式）”“提取轮廓曲线”“构造曲面片网格”“移动曲面片组”“样条曲线”“剪切”“分割”“平滑”。

（3）“拟合曲面”：将曲面片拟合到已经构建的曲面网格中。

7）点处理模块

点处理模块的主要作用是实现对导入的点云数据进行处理，并封装成面片数据格式。主要的功能如下。

（1）“向导”：包括“面片创建精灵”和“法线信息向导”。“面片创建精灵”是指根据多个原始 3D 扫描数据迅速创建和合并面片。“法线信息向导”是指重置模型中点的法线信息，重新生成并编辑法线信息或反转点的法线方向。

（2）“单元化”：是指将点云数据转换为具有几何形状信息的 3D 面片模型。“三角面片化”是指连接点创建单元面，从而构建面片。

（3）“合并/结合”：是指将点云整合为一片完整点或者三角面片，包括“合并”和“结合”。“合并”是指合并多个点云创建一个单独面片，将有效移除重叠区域并将相邻境界缝合在一起。“结合”是指结合多个点云或面片来创建一个单独要素。

（4）“优化”：是指对点云进行优化操作，以获得最理想的点云数据，包括“杂点消除”“采样”“平滑”。扫描设备采集获得的点云数据一般存在大量冗余数据和噪声点，通过“杂点消除”将扫描采集到的不必要的点清理掉，用“采样”来降低点云的密度，用“平滑”来降低点云外侧形状的粗糙度，使其更加平滑。

（5）“编辑”：是指对已存在的点云进行偏移、分割操作或将实体转换为点云，包括“偏移点云”“分割点云”“变换为点云”。

8）多边形模块

多边形模块的主要作用是对多边形数据模型（即面片数据）进行优化处理，通过修复面片数据上的错误网格，利用平滑、锐化、编辑境界等方式优化面片数据。主要功能如下。

（1）“向导”：提供了快速处理面片的工具，用来创建面片、修复错误和优化面片，包括“面片创建精灵”“修补精灵”“智能刷”。“面片创建精灵”是指利用原始的扫描数据创建面片模型，从而将点云数据转换为面片数据或重新转换面片得到封闭的面片。“修补精灵”是指对面片模型上的缺陷如重叠单元面、悬挂单元面、非流形单元面、交差单元面等进行自动修复。“智能刷”是指手动选择要优化的面片区域，使用平滑、消减、加强等面片优化方式来改善面片模型。

（2）“合并/结合”：包括“合并”和“结合”。“合并”是指合并多个面片创建一个单独面片，将有效移除重叠区域并将相邻境界缝合在一起。“结合”是指结合多个面片来创建一个面片。

（3）“修复孔/突起”：修复面片上的缺陷如孔洞、突起，包括“填孔”“删除特征”“移除标记”。“填孔”是指填补面片的孔洞。“删除特征”用于删除面片上的特征形状或不规则的突起，重建单元面。“移除标记”是指移除贴有标记点的点云数据的对应孔洞，由于许多模型对象需要贴标记点才可以扫描，扫描获取的数据在标记点位置会有数据缺失，故转换为面片后就会形成对应的孔洞，此命令是通过填补指定半径内的孔洞来实现标记点移除的。

（4）“优化”：用于处理修复缺陷面片，包括“加强形状”“整体再面片化”“消减”“细分”“平滑”。“加强形状”是指锐化面片上的尖锐区域（棱角），同时平滑平面或圆柱面区域，来提高面片质量。“整体再面片化”是指使用统一的单元边线长度重建整体单元面，减小面片的粗糙度、修复缺陷，提高面片品质。“面片的优化”是指根据面片的特征形状，设置单元边线的长度和平滑度来优化面片。“消减”是指通过合并单元顶点的方式减少面片数量。“细分”是指细分单元面，增加面片或选定区域的单元面数量，提高相邻单元面之间的曲率流。“平滑”是指消除面片上的杂点，降低面片的粗糙度。

（5）“编辑”：实现对面片的编辑，包括“分割”“编辑境界”“偏移”“剪切”“缝合境界”“赋厚”“修正法线方向”“变换为面片”“添加纹理”。

9）领域模块

领域模块的主要作用是根据扫描获取的数据模型将面片划分为不同的几何领域，主要功能如下。

（1）“线段”：实现自动分割领域和重新对局部领域进行划分，包括“自动分割”和“重分块”。

（2）“编辑”：对获得的领域进行编辑，包括“合并”“分割”“插入”“分离”“扩大”“缩小”。

（3）“几何形状分类”：定义划分领域的公差与孤立点比例。

5.2.2.2 逆向建模方法

1. 数据类型

1）点云数据

原始点云数据是点集，每个点都具有特定的三维坐标值，即在空间中相应的位置信息，如图 5-15（a）所示。原始点云数据需要通过数据测量与采集获得。

在点云数据获取过程中不可避免地会获得噪声点和误差等，因此必须对点云数据进行适当的处理，对噪声点进行删除，对重复点进行删除、精简，同时对缺失的点云数据进行补偿。

2）面片或多边形数据

面片或多边形数据是由大量点云生成的成千上万的三角形，是综合点云数据创建的一个表面外观。面片或多边形数据可以在 Geomagic Design X 软件中的面片模式下自动生成面片，如图 5-15（b）所示。

3）曲面体和实体数据

Geomagic Design X 软件中的体数据格式分为曲面体和实体数据两类。曲面体和实体数据是指在 Geomagic Design X 软件中创建的曲面体和由曲面组成的实体，也包括从其他三维软件中导入的曲面体和实体数据。

通常曲面体和实体数据就是使用 Geomagic Design X 软件逆向建模最终获得的结果，它主要来源于：

（1）在 Geomagic Design X 软件中生成的拉伸、旋转等实体数据和放样等曲面体数据；

（2）外部导入的 CAD 文件格式，如从 SolidWorks、Creo 中导入的 IGES、STEP 等格式，在 Geomagic Design X 软件中进行实时转换，如图 5-16 所示；

（3）支持直接打开或导入的 CAD 格式文件，实体数据如图 5-15（c）所示。

（a）原始点云数据

（b）面片数据

（c）实体数据

图 5-15 数据类型对比

图 5-16 CAD 文件格式的实时转换

2. 建模流程

Geomagic Design X 软件可以实现正逆向混合建模，该软件通过对 3D 扫描点云数据进行优化处理并创建三角面片，或者对直接获取的面片数据进行优化处理，再对优化后的面片数据进行领域划分，自动识别初始模型中的三维规则特征（如平面、球面、圆柱面等），可依据所划分的领域并利用拉伸、旋转和扫描等正向设计工具重建 CAD 实体模型，利用曲面拟合等工具重建 NURBS 曲面，并对所构建的实体模型和曲面进行布尔运算，最后输出所需格式的实体模型。

Geomagic Design X 软件的具体建模流程包括“点云处理”“面片优化”“领域分割”“坐标系对齐”“实体特征建模”“曲面特征建模”“精度分析”“模型输出”8 个阶段，建模全流程各阶段的操作内容与目标如图 5-17 所示。

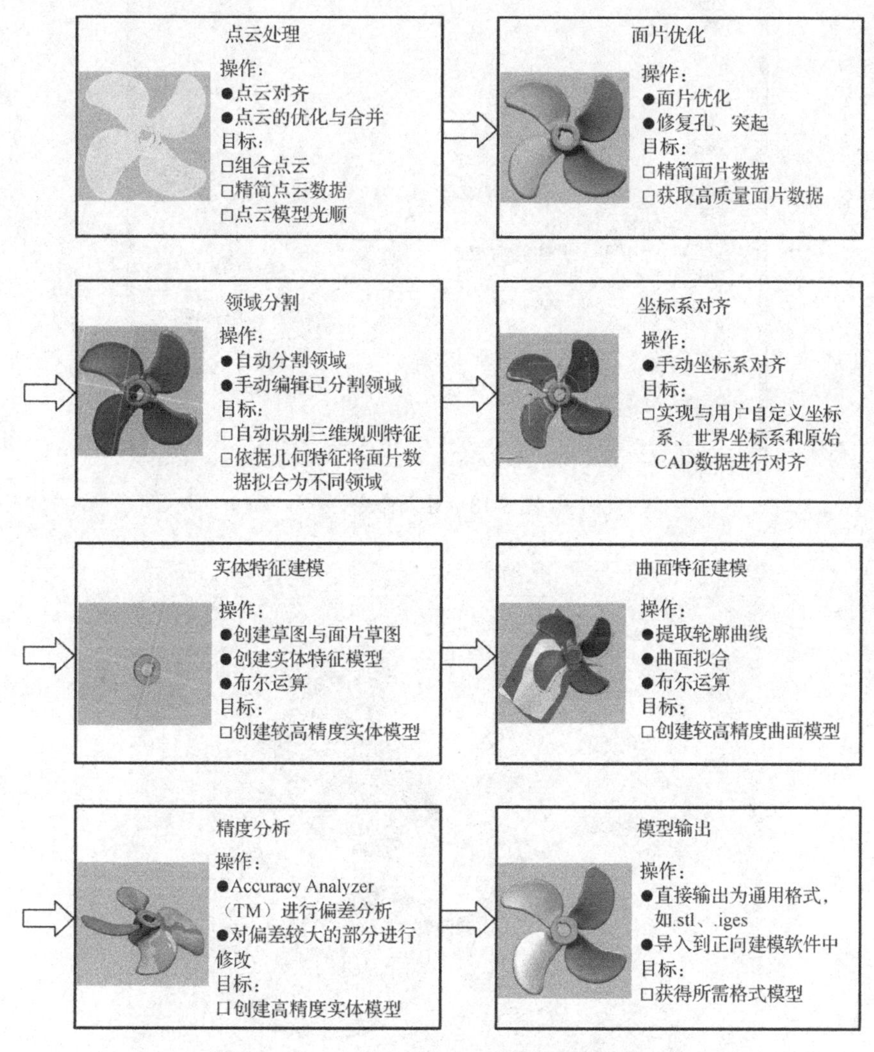

图 5-17　Geomagic Design X 软件建模全流程

5.2.2.3　应用实例

本实例通过叶轮这一工业应用广泛的典型工业产品，介绍 Geomagic Design X 软件的主要建模步骤，掌握点云数据处理、面片优化、领域分割方法，利用产品的几何特征分别介绍实体特征建模和曲面建模两种方法。

1. 导入模型与点云处理

选择菜单“插入”→“导入”命令，或直接单击 命令，弹出如图 5-18 所示的对话框，选择“叶轮.stl”文件，单击“仅导入”按钮。导入的叶轮模型如图 5-19 所示。该模型已在前面进行了点云数据优化处理，并保存为面片类型数据格式，所以直接进入面片优化阶段。

图 5-18　导入命令

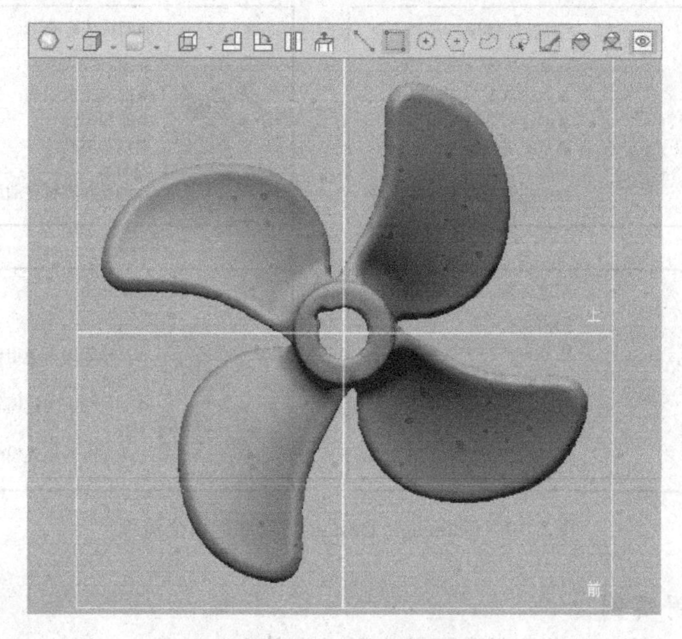

图 5-19　导入的叶轮模型

2. 面片优化

选择“多边形”→“优化”→“面片的优化”命令，使整体的面片优化，面片的优化选项如图 5-20 所示。

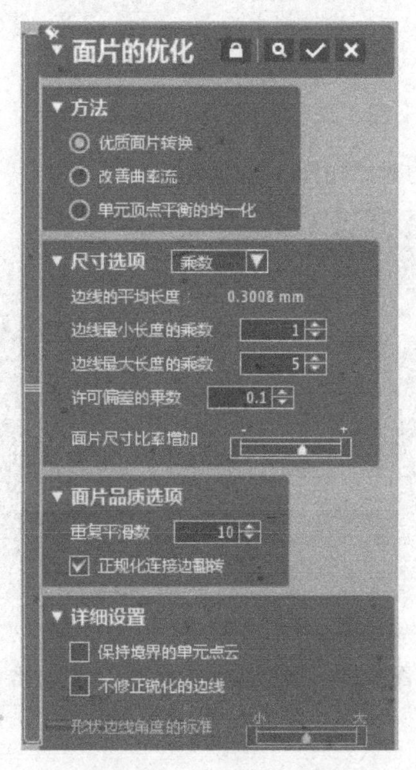

图 5-20　面片的优化选项

“面片的优化”选项可以根据特征形状优化面片，提高面片的品质，该命令拥有高级选项来控制面片的大小、品质，其优化过程类似于 CAE 或自动曲面创建，面片的优化对比如图 5-21 所示，创建出的高品质曲面亦可用于有限元分析（Finite Element Analysis，FEA）。

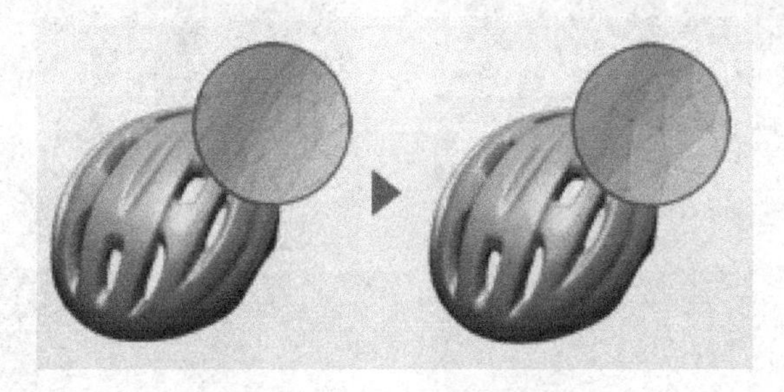

图 5-21　面片的优化对比

在面片优化中常用的命令还包括“平滑”“细分”“消减”，效果图如图 5-22 所示，在实际逆向建模过程中可根据模型的数据要求进行选择。“平滑”命令可以提高整体面片或已选单元面的光滑度，减小面片的粗糙度，消除杂点，平滑所实现的效果类似于降噪。“细分”命令用于增加面片上的单元面数量，以提高三角形之间的曲率流。“消减”命令用于减少至少一个面片中的单元面数量。

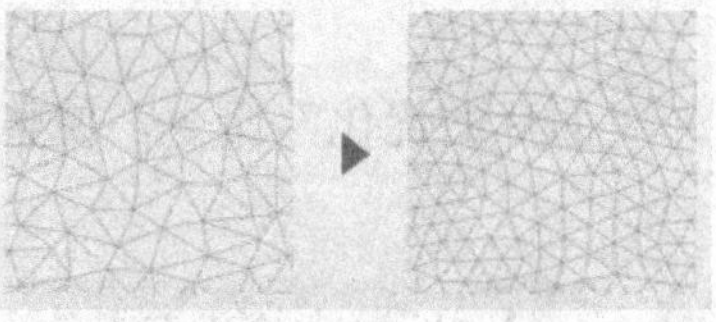
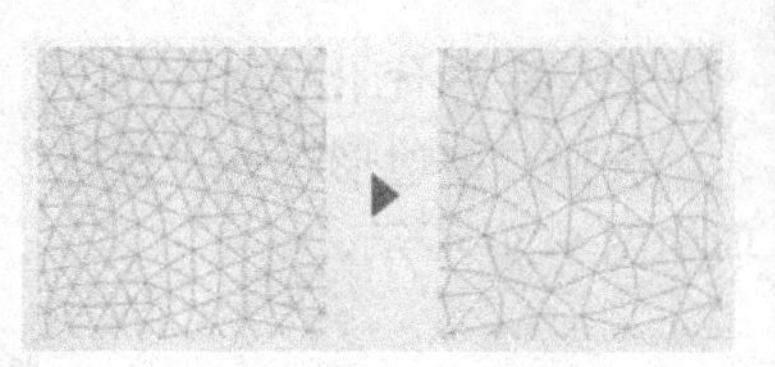

（a）平滑　　（b）细分　　（c）消减

图 5-22　面片优化的其他常用命令

叶轮模型面片优化前后的对比如图 5-23 所示。

（a）面片优化前　　（b）面片优化后

图 5-23　叶轮模型面片优化前后的对比

3. 领域分割

选择“领域”→“自动分割”命令，将“敏感度”设置为 20，“面片的粗糙度”通过右侧的“估算”功能设置在合理位置。设置对话框如图 5-24（a）所示。叶轮模型领域分割后结果如图 5-24（b）所示。

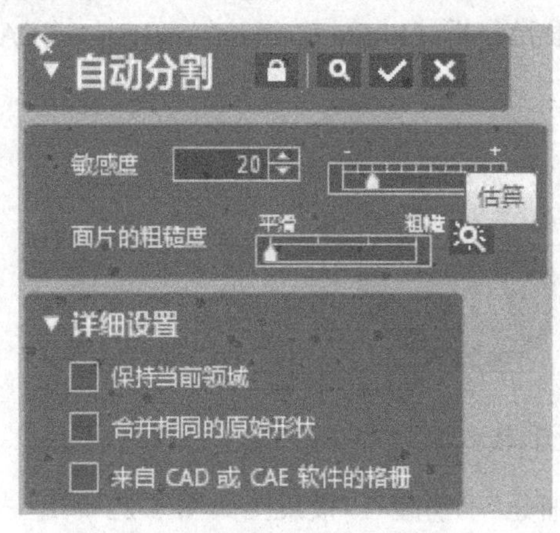

（a）自动分割命令的设置对话框　　（b）叶轮模型领域分割后结果

图 5-24　自动分割命令

“自动分割”命令通过识别模型的 3D 特征，自动分割数据的特征领域，分割后的特征领域具有对应的几何特征信息。带有几何特征信息的领域可用于后续快速创建对应特征，领域分割后将鼠标指针放到对应领域上，就会显示出该领域的几何特征类型，从而查看领域分割结果是否符合要求。

“自动分割”命令中的“敏感度”用于设置特征领域的敏感度，更高的敏感度会获得更多的领域。如果模型面片粗糙，较高的敏感度可能会产生较多的领域组，影响后续特征建模。因此，在敏感度的设置上要依据原始模型面片的粗糙度和领域组特征要求两方面综合考虑。如图 5-25 所示是敏感度设置分别为 20 和 100 的对比图，可见高敏感度会分割出更多的领域组。

（a）敏感度 20

（b）敏感度 100

图 5-25　敏感度设置的对比图

“自动分割”命令中的“面片粗糙度”是依据杂点水平来调整分割后面片的粗糙度水平，可通过“面片粗糙度”的“估算”功能按钮，调整到一个合适的值。

如果“自动分割”后的领域组不能满足后期建模要求，则可以依据建模要求对分割后的领域组继续进行“重分块”“合并”“分割”“插入”“分离”“扩大”“缩小”操作。

在本实例中，因为后续对叶轮叶片的“曲面拟合”是以叶片的划分领域组作为单元面的，因此领域的划分将影响后续叶轮曲面的拟合精度，叶轮的上下表面作为一个完整的曲面，需要作为一个领域进行曲面拟合，从而保证曲面拟合的精度。因此，需要对叶轮叶片的划分领域进行检查，利用“合并”功能将面片边缘的小领域与叶片主曲面合并，如图 5-26 所示。

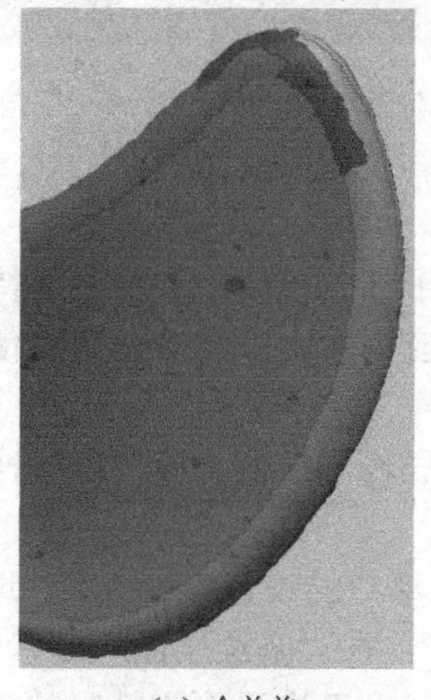

（a）合并前

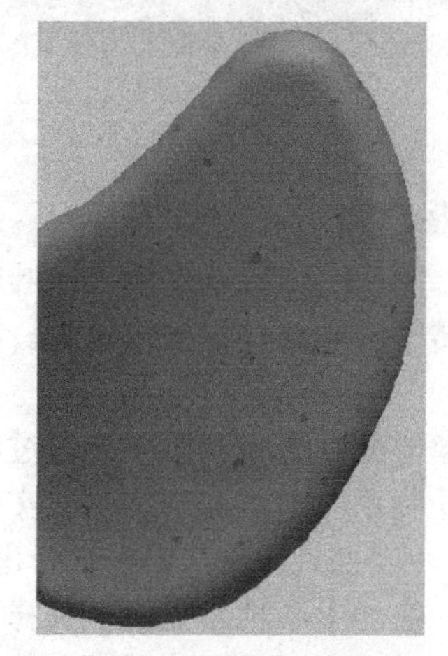

（b）合并后

图 5-26　利用“合并”功能将面片边缘的小领域与叶片主曲面合并

4. 坐标系对齐

如果模型已在点云处理的 Geomagic Wrap 软件中进行了坐标系对齐操作，则可跳过该步骤。该实例模型的坐标系对齐既可在 Geomagic Wrap 软件中完成，也可在 Geomagic Design X 软件的对齐模块中实现。

“对齐”模块的“手动对齐”命令适用于当模型较为复杂时，通过手动选取要素与全局坐标系要素匹配，将模型对齐到全局。“手动对齐”命令中包含两种对齐方式，分别是 3–2–1 方式和 *X–Y–Z* 方式，在对齐操作中，这两种方式要求匹配的要素可以是划分的领域，也可以是预先建立的参照物。3–2–1 方式使用的要素为模型的面-线-点，在建模过程中更为常用，需要熟练掌握。*X–Y–Z* 方式所使用的要素为三条直线、两条直线或一个原点。

在本案例中，叶轮模型已在 Geomagic Wrap 软件中完成，此处只做方法演示。选择 3–2–1 方式即面-线-点要素进行坐标系对齐。选择“对齐”→“手动对齐”命令，在“移动”方式中选择“3–2–1”，坐标系对齐如图 5-27 所示，即进入要素选择阶段，此时工作窗口分为两个视图窗口，左侧视图窗口为模型的原始位置，右侧视图窗口为要素匹配后的位置。单击“平面”要素，选择叶轮转子的一侧断面作为平面要素；单击“线”要素，选择叶轮转子中心轴或转子中心的内圆柱面作为线要素，在选择“线”要素时选择圆柱面即等同于选择圆柱的轴；“点”要素一般无须选择即可实现定位。

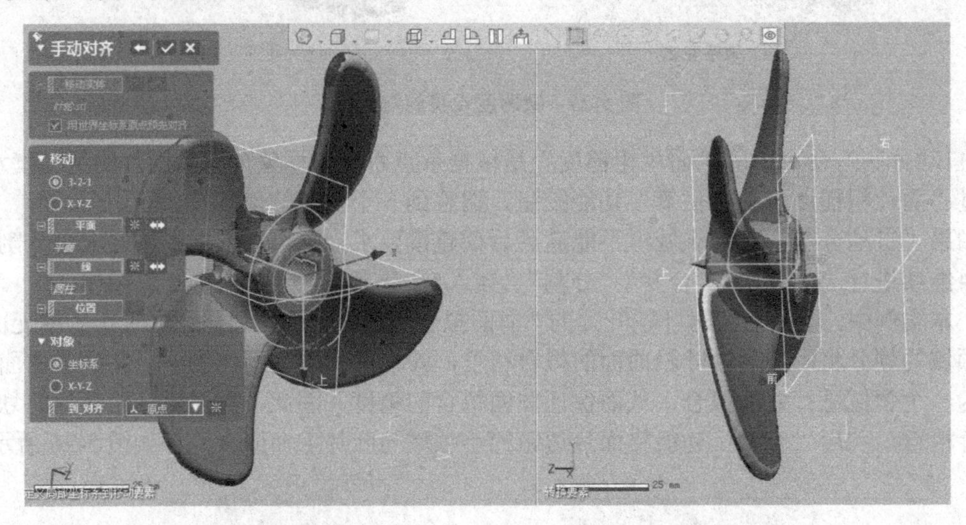

图 5-27 坐标系对齐

5. 实体特征建模

在本实例中，利用实体特征建模构建叶轮的转子部分模型，利用曲面特征建模构建叶轮叶片模型，再将转子与叶片进行布尔运算。在实际应用中，一般需要同时使用实体特征建模与曲面特征建模。

叶轮的转子建模分为两步，第一步通过回转生成转子模型，第二步拉伸切割槽口。实体特征建模需要先绘制草图，再对草图生成实体模型。

选择“草图”→“面片草图”命令，弹出“面片草图的设置”对话框，选择“回转投影”，再选择回转要素，在“中心轴”要素中选择“圆柱”，在“基准平面”要素中选择“上”，如图 5-28 所示。基准平面的选取不一定是前、上、右三个基准平面中特定的某一个，可以根据模型特征和建模需求定义新的基准平面作为截取平面。

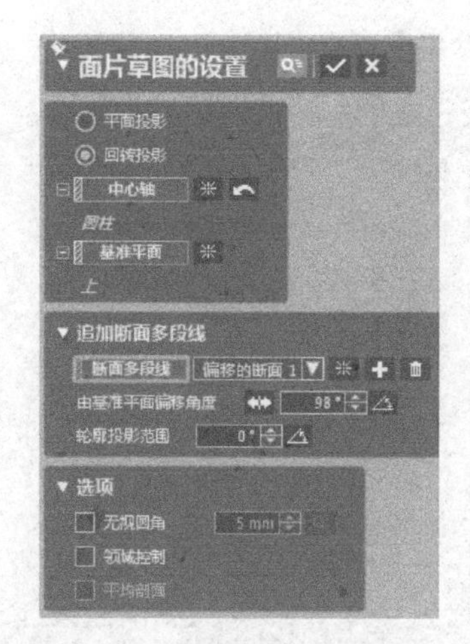

图 5-28　面片草图的设置

由于转子是回转体模型，所以需选择多个偏移角度的断面，才能够正确表达模型的截面特征。在“追加断面多段线”的“断面多段线”要素中选择“偏移的断面 1”，调整基准面的旋转面与模型相交的角度，选取能够正确清晰地描述模型截面特征的一组断面多段线，如图 5-29 所示。

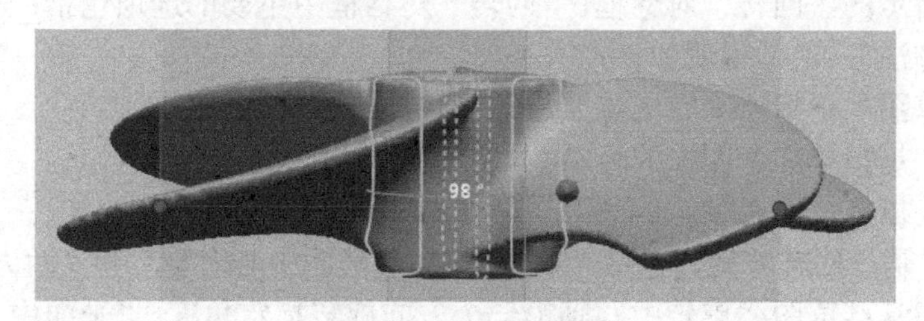

图 5-29　断面多段线

单击视窗左下方“面片”的显示图标，将面片模型隐藏获取如图 5-30 所示的断面多段线后，通过添加草图要素之间的几何约束和尺寸约束，进一步绘制拟合的回转特征草图。拟合得到的回转体特征草图如图 5-31 所示。在绘制截面线草图时，需要添加要素之间的几何约束关系，同时也可以添加尺寸约束。

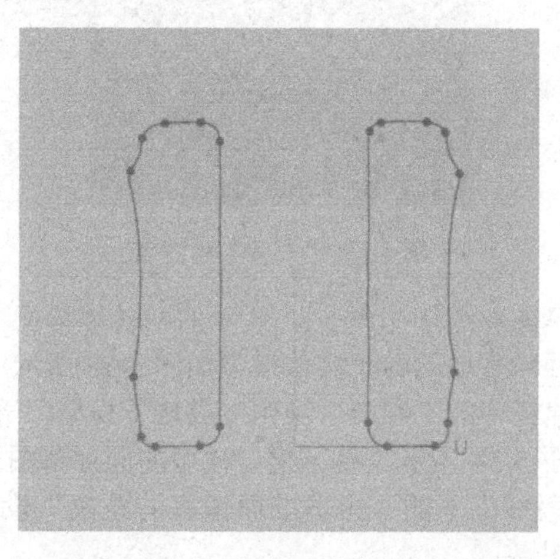

图 5-30　面片模型隐藏后获取的断面多段线

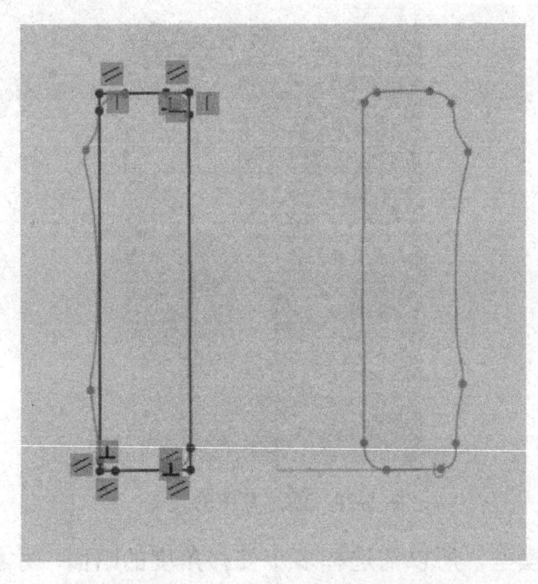

图 5-31　拟合得到的回转体特征草图

草图绘制完成后创建回转体实体模型。选择“模型”→“创建实体”→“回转”命令，弹出如图 5-32 所示的“回转”对话框。“回转”对话框中主要的选项包括：“基准草图”“轮廓”“轴”和“方法”，选项说明如下：

（1）“基准草图”是指绘制完成需要进行回转操作的草图；

（2）“轮廓”是指基准草图中的环路；

（3）“轴”是指旋转中心轴；

（4）“方法”是指回转方式，包括“单侧方向”“平面中心对称”和“两方向”三种方式。“单侧方向”是指基准草图绕旋转中心轴沿一个方向旋转指定角度；“平面中心对称”是指以基准草图所在平面为中心，绕旋转轴对称旋转指定角度；“两方向”是指基准草图沿两个方向旋转指定角度。

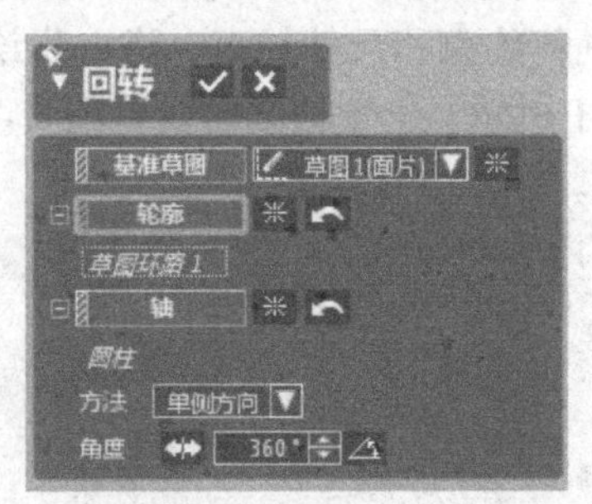

图 5-32　“回转”对话框

本实例模型的“基准草图”选择如图 5-31 所示的回转体特征草图，“轴”选择“圆柱”，然后单击确定按钮，获取回转生成的转子实体模型如图 5-33 所示。

上述步骤已通过实体建模中的“回转”操作生成转子模型，下一步是通过“拉伸”操作切割获得转子槽口模型。图 5-34 所示是转子槽口模型的面片草图设置操作框，“基准平面”选择“前”，“追加断面多段线”下的“由基准面偏移的距离”设置为 20mm。图 5-35 所示是转子槽口模型的面片草图。

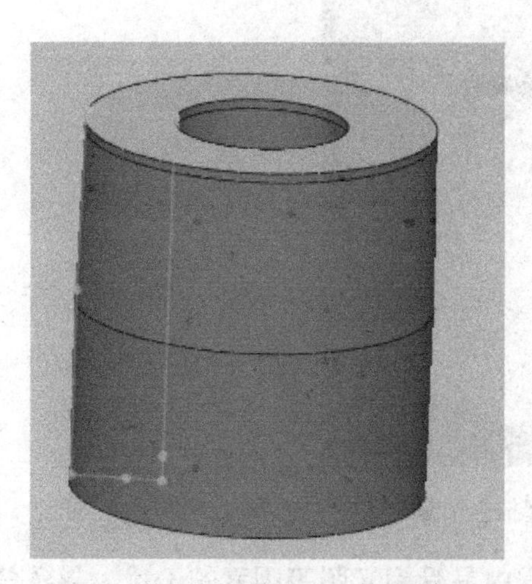

图 5-33　回转生成的转子实体模型

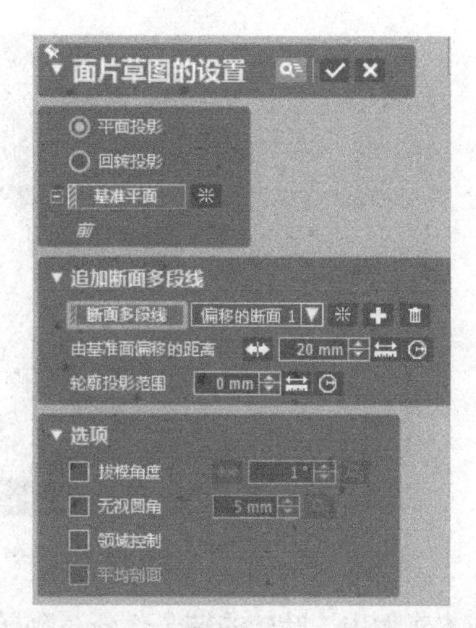

图 5-34　转子槽口模型的面片草图设置操作框

图 5-35　转子槽口模型的面片草图

转子槽口模型拟合后的草图如图 5-36 所示，通过“拉伸”操作获取槽口实体模型。“拉伸”对话框中主要的选项包括：“基准草图”“轮廓”“自定义方向”和“方法”，选项说明如下：

（1）“基准草图”是指绘制完成需进行拉伸操作的草图；

（2）“轮廓”是指基准草图中的环路；

（3）“自定义方向”是指基准草图拉伸的方向；

（4）“方法”是指基准草图拉伸的方法，包括“距离”“通过”“到顶点”“到领域”“到曲面”“到体”和“平面中心对称”七种方式。“距离”是指设定基准草图拉伸的长度；“通过”是指使基准草图拉伸的长度高于其余实体；“到顶点”是指使基准草图拉伸到指定的顶点位置；“到领域”是指使基准草图拉伸到指定领域；“到曲面”是指使基准草图拉伸到指定曲面；“到体”是指使基准草图拉伸到指定实体；“平面中心对称”是指以基准草图为中心平面向两侧对称拉伸指定的长度。

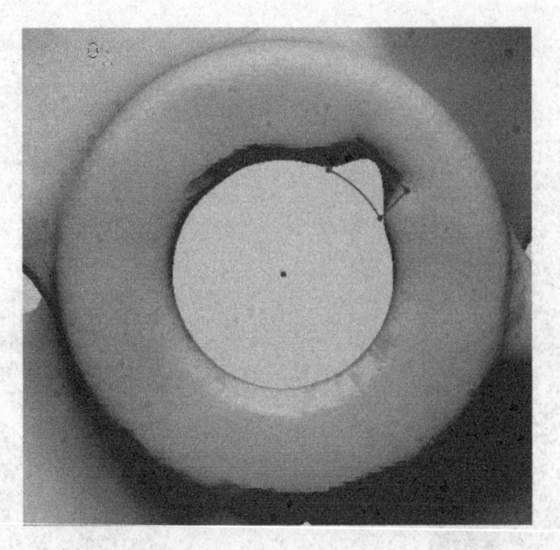

图 5-36　转子槽口模型拟合后的草图

在本实例中，叶轮的转子部分在数据采集过程中易受到光照等因素的干扰，导致槽口底部采集的数据不够平整，槽口部分领域划分的轮廓边界不够清晰，故在进行“拉伸”切除实体操作中不能选择“到领域”的方法，最适合的方法是通过测量工具获取最合适的拉伸距离，从而减小建模误差，即“拉伸”切除采用“距离”的方法。“拉伸”切除获得的转子槽口模型切割效果图如图 5-37 所示。

图 5-37　转子槽口模型切割效果图

在建模过程中，为了检验每一部分的建模精度，应利用 Accuracy Analyzer（TM）精度分析功能对模型进行偏差分析，分析后会获得相应的色谱图。因此在转子部分建模完成后，即可对转子部分进行偏差分析。在视窗右侧，单击 Accuracy Analyzer（TM）打开分析窗口，选择“体偏差”选项，获得转子部分的色谱图。

6. 曲面特征建模

在完成转子部分的实体建模后，进行叶轮叶片的建模。从叶片的面片模型可以看出，它是由多个相交曲面组成的，因此叶片的建模采用曲面特征建模方法。在曲面特征建模过程中常用的方法包括面片拟合、境界拟合、自动曲面创建、曲面拉伸、曲面回转、曲面扫描、曲面放样、曲面编辑（偏移、面填补、延长、剪切、反剪切、剪切&合并、缝合、反转法线方向）等，应该依据模型中曲面类型的不同和曲面精度要求的不同选取不同的方法。曲面特征建模常用方法说明如下：

（1）面片拟合是根据面片的原有曲面领域运用拟合运算创建曲面的过程；

（2）境界拟合是先通过 3D 面片草图里的 3D 样条曲线网格定义境界，再根据境界与面片运用拟合运算来创建曲面；

（3）自动曲面创建是自动将 CAD 曲面与面片进行拟合创建曲面，在自动曲面创建过程中会自动创建曲线网格，常用于平滑曲面较多的艺术品建模过程中；

（4）曲面拉伸是将轮廓曲线沿截面所在的矢量方向进行运动而形成的曲面，拉伸对象就是该截面轮廓曲线，拉伸曲面只应用于“面片草图模式”和“草图模式”下绘制的轮廓曲线；

（5）曲面回转是将轮廓草图沿着指定的中心轴线旋转一定角度形成的曲面，一般用于创建轴对称的曲面，回转曲面只应用于“面片草图模式”和“草图模式”下绘制的轮廓曲线，轮廓曲线可以是封闭的也可以是不封闭的；

（6）曲面扫描是将封闭的轮廓草图沿着指定的路径进行运动所形成的曲面；

（7）曲面放样是将两个或两个以上的轮廓草图、边线连接起来形成曲面，可以通过向导曲线来控制放样曲面的形状，并在首尾添加约束，在曲面放样时轮廓线必须是封闭的；

（8）曲面编辑中的偏移曲面是指在给定的距离下复制和偏移曲面，在该过程中可进行曲面的放大和缩小；面填补是指利用由边线、草图、曲线定义的任意数量的境界创建曲面补丁或参照面片拟合曲面；曲面延长是指通过曲面的边线或面来延长境界；曲面剪切是指利用曲面、参照平面、实体、曲线剪切曲面，剪切曲面的方法与剪切实体类似；曲面反剪切是指延长曲面境界，并将其恢复至未剪切的状态；曲面剪切&合并是指保留相交面之间的公共区域来创建实体；曲面缝合是指通过缝合境界将两个或多个曲面结合成为一个曲面；反转法线方向是指反转面的法线方向。

在本案例中，先对叶轮的叶片上下表面采用面片拟合进行建模，再对叶片外轮廓进行拉伸操作，并对叶片上下表面和外轮廓三个部分的曲面进行剪切操作，获取单个叶片实体后进行圆形阵列，最后将叶片与转子进行布尔运算即可获得完整的叶轮模型。具体内容如下所述。

第一步先对叶片的上下表面进行面片拟合操作。由于领域的划分会直接影响面片拟合的精度，因此要确保叶片的上下表面作为一个完整的领域来进行面片的拟合。如图 5-26 所示，选择叶轮的一个叶片，对该叶片的上下表面的领域划分进行检查，选择“领域”→“编辑”→“合并”命令将面片边缘的细小领域与上下主曲面进行合并。合并完成后即可对叶片的上下表面进行面片拟合操作，面片拟合操作共分为三个阶段，第一阶段是选择需进行拟合的领域或单元面，设置分辨率与平滑程度；第二阶段是设置控制网密度调节面片拟合时的网格大小；第三阶段是手动调节 UV 线的位置。具体操作步骤为：选择“模型”→“向导”→“面片拟合”命令，打开如图 5-38 所示的“面片拟合”操作框。

“面片拟合”对话框中第一阶段操作的主要选项包括“领域/单元面”“分辨率”和“平滑”，选项说明如下：

（1）“领域/单元面”是指选择要进行面片拟合的领域或单元面；

（2）“分辨率”是指设置进行面片拟合时的分辨率，包括“许可偏差”和“控制点数”两种方式。“许可偏差”是指设置拟合后的曲面与原始领域或单元面的偏差；“控制点数”是指设定 U 方向和 V 方向控制点数设置分辨率；

（3）“平滑”是指设置拟合曲面时进行平滑操作的程度。

以上操作是面片拟合操作的第一阶段，单击向右的箭头进入第二阶段。“面片拟合”对话框中第二阶段操作的主要选项是“控制网密度”，可根据模型实际的曲率变化选择网格密度，曲率变化大的可对应选择较大的网格密度，反之可选择较小的网格密度。叶片上表面面片拟合过程如图 5-38 和图 5-39 所示。

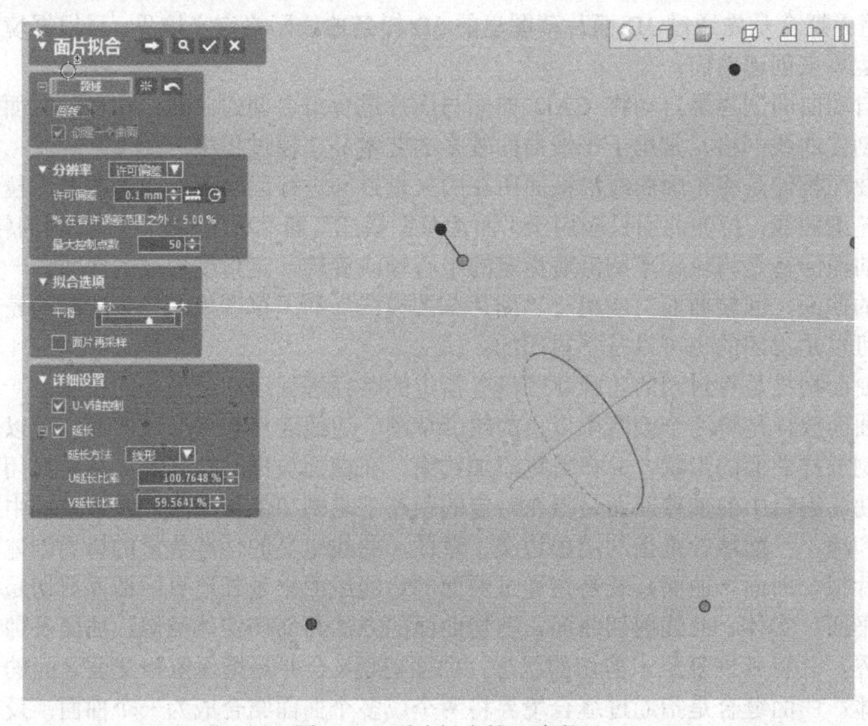

图 5-38　面片拟合第一阶段

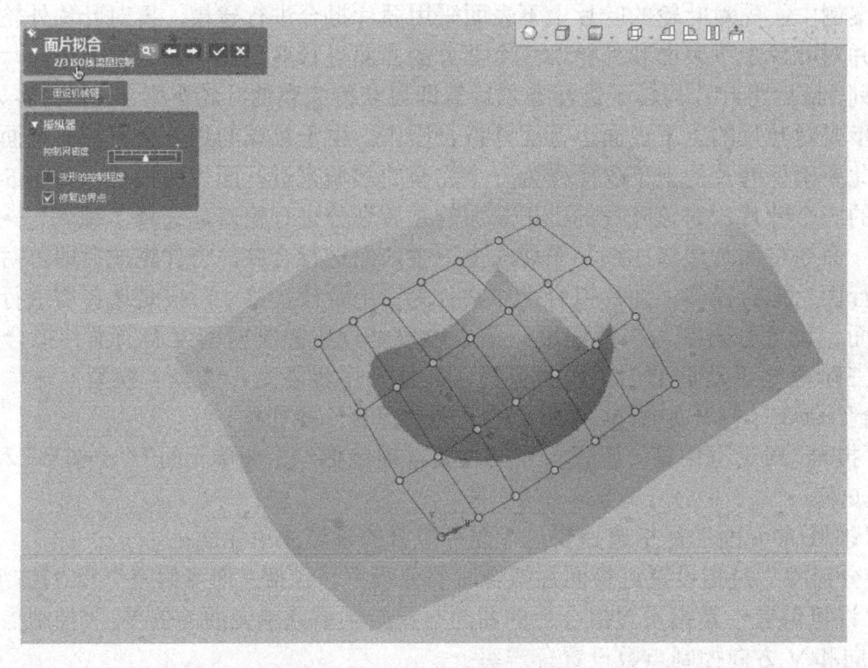

图 5-39　面片拟合第二阶段

叶片上表面拟合后的曲面如图 5-40 所示。类似地，对叶片的下表面进行面片拟合操作。

图 5-40　叶片上表面拟合后的曲面

第二步是获取叶片的轮廓曲线投影，并将投影进行拉伸。以“前”（确认与叶片平行的是前）视面作为基准平面创建一个新的面片草图。用鼠标拖动较粗的箭头改变叶片轮廓投影的范围，直至将整个叶片模型覆盖。

使用草图绘制命令对投影获得的轮廓线进行拟合。利用自动草图进行快速拟合，为确保叶片轮廓线与转子连接处不出现缝隙，需将叶片的轮廓线向转子方向进行适当延伸，延伸后在转子的内部位置画一条直线，与叶片的轮廓线进行相交剪切形成封闭的草图。叶片的轮廓线投影与拟合后图示如图 5-41 所示。

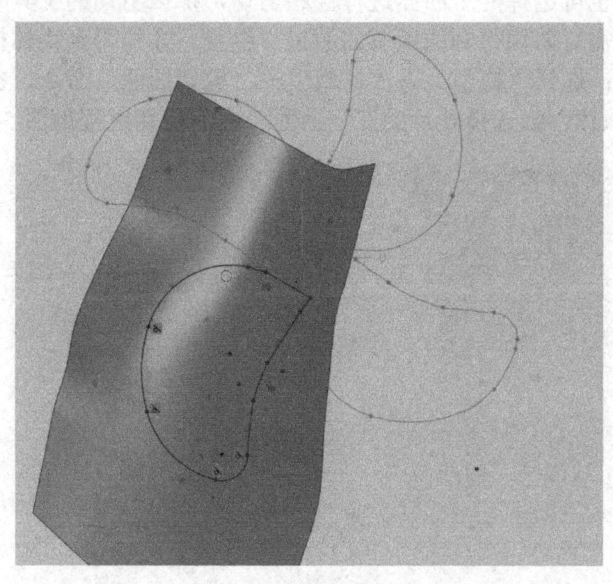

图 5-41　叶片的轮廓线投影与拟合后图示

第三步是将投影获得的叶片轮廓线进行中心对称拉伸。选择“模型”→“创建曲面”→“拉伸”命令，在弹出的拉伸对话框中，“轮廓”选择叶片轮廓草图，“方法”选择“平面中心对称”，然后拖动箭头拉伸叶片轮廓面，使得轮廓面能够完全穿透叶片的上下表面，如图 5-42 所示。

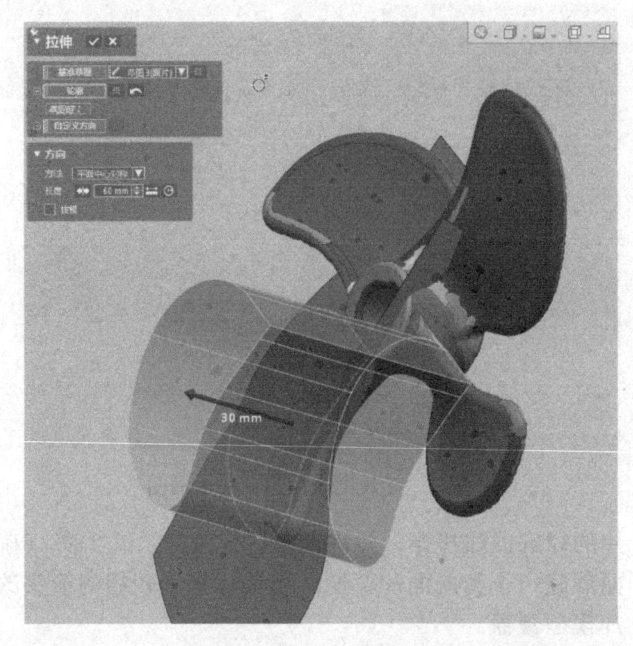

图 5-42　叶片轮廓线拉伸

第四步是在叶片的三个曲面拟合好后选择“剪切曲面”命令对三个曲面进行剪切，保留叶片外围的曲面生成叶片实体。因为是三个曲面互相剪切，所以剪切的工具与对象都是三个曲面。在剪切过程中也可选择两个曲面进行互相剪切，那么剪切的工具与对象就是这两个互相剪切的曲面，最后需对剪切得到的所有曲面进行缝合，才能得到实体模型。

具体操作步骤为：选择“模型”→“编辑”→“剪切曲面”命令，在弹出的对话框中，“工具要素”和“对象体”都选择叶片的三个曲面，曲面剪切过程如图 5-43 所示。

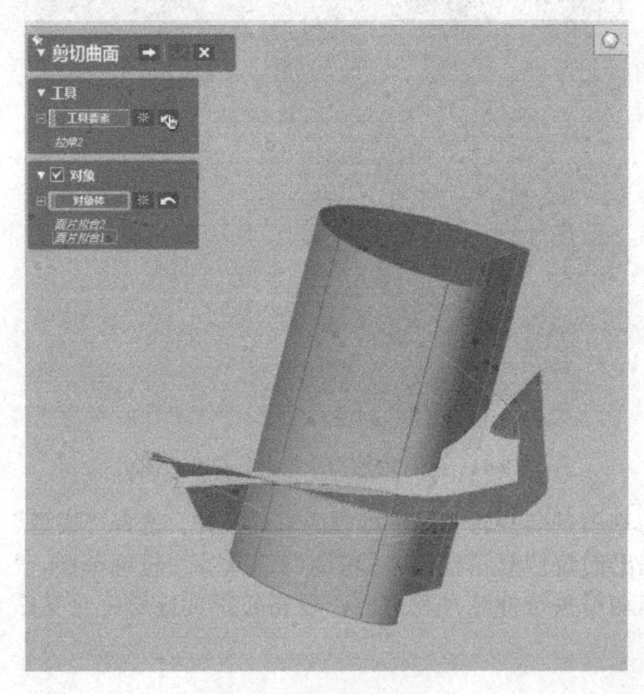

图 5-43　曲面剪切过程

第六步单击向右的箭头进入下一个阶段，在“残留体”中选择形成叶片的外围曲面，观察预览图（如图 5-44 所示），符合要求后单击确定按钮，裁剪成功后进行缝合，从而生成叶片封闭曲面，如图 5-45 所示。

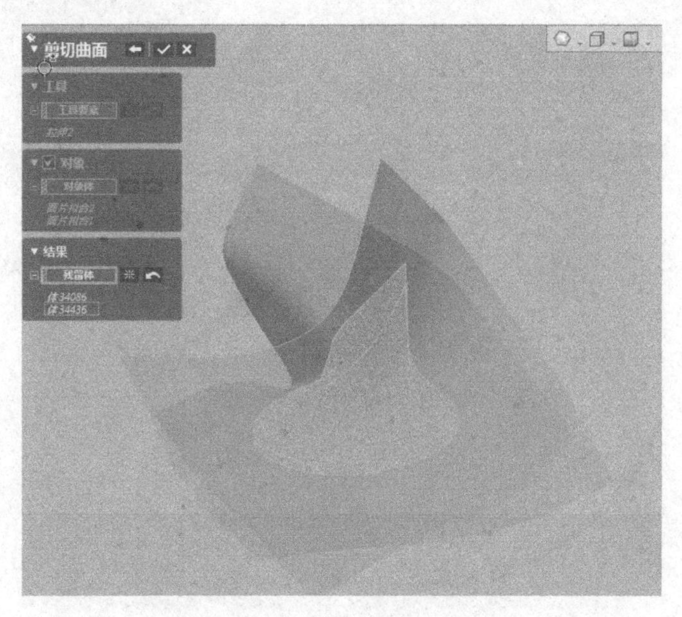

图 5-44　曲面剪切后的残留体

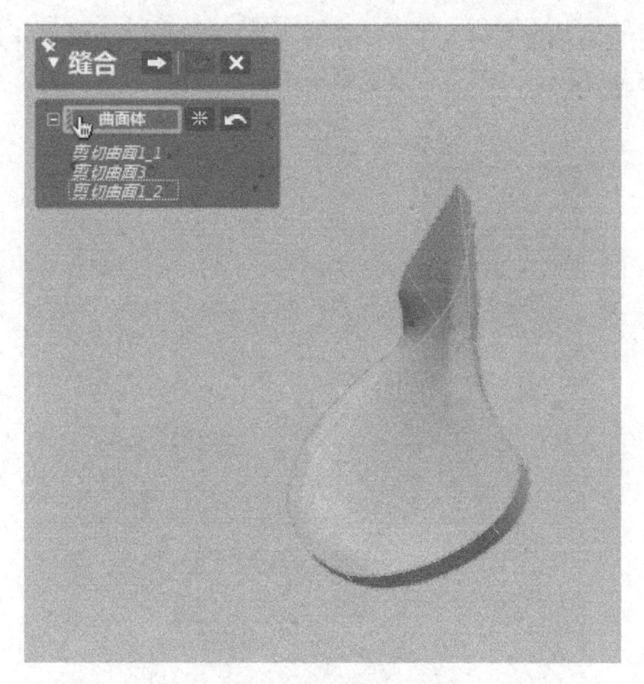

图 5-45　曲面缝合过程

在上述建模过程中为了使叶片能与转子充分接触，叶片的部分实体进入转子内部，因此需选择“切割实体”命令，利用转子外部圆环切割叶片实体，使得叶片的内弧线与转子的外圆环是一致的。

具体操作步骤为：选择“模型”→“编辑”→“切割”命令，在弹出的对话框中，“工具要素”选择转子外部圆环的上边线，“对象体”选择叶片实体模型，切割实体过程如图 5-46 所示。

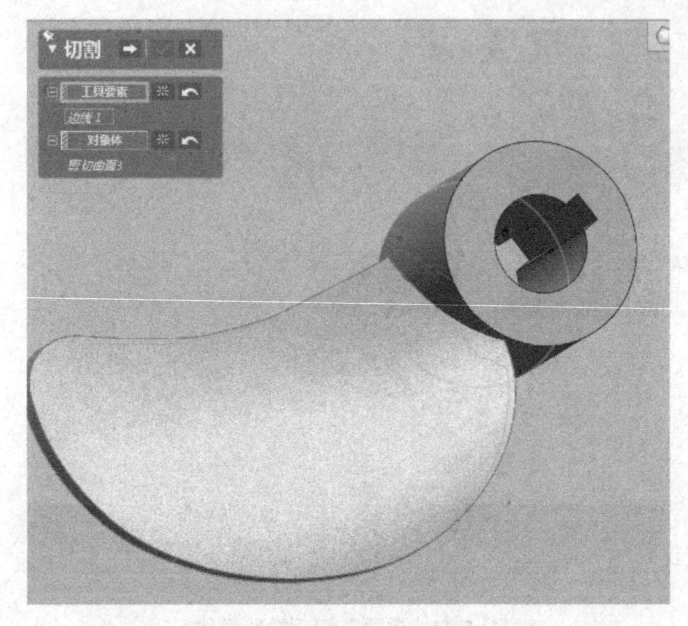

图 5-46　切割实体过程

第七步继续单击向右的箭头进入下一个阶段。在“残留体”中选择叶片保留的实体部分，观察预览图（如图 5-47 所示），若符合要求则单击确定按钮。

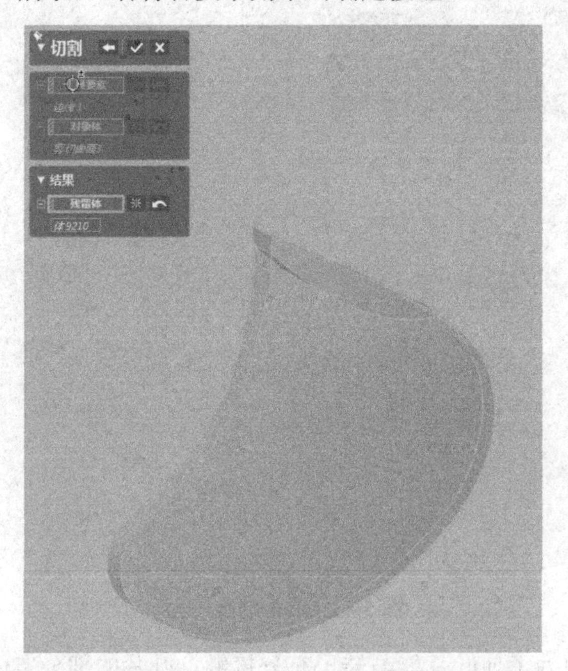

图 5-47　在“残留体”中选取叶片保留的实体部分

第八步是对叶片进行倒圆角操作。选择“模型”→“圆角”命令，过程如图 5-48 所示。

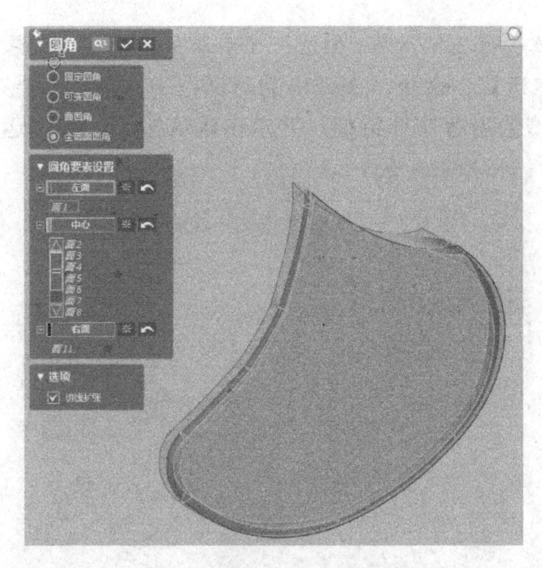

图 5-48　对叶片进行倒圆角操作

在叶片部分建模完成后，即可对叶片部分进行偏差分析。在视窗右侧，单击“Accuracy Analyzer（TM）”打开分析窗口，选择“体偏差”，获得叶片部分的色谱图。

在叶片的精度分析符合要求后，接下来将叶片进行圆形阵列。具体操作步骤为选择“模型”→“阵列”→“圆形阵列”命令，打开如图 5-49 所示的“圆形阵列”对话框，“圆形阵列”对话框中的主要选项说明如下：

（1）“体”是指需进行圆形阵列的实体或曲面；

（2）“回转轴”是指圆形阵列的轴线；

（3）“要素数”是指圆形阵列后的实体或曲面个数；

（4）“合计角度”是指圆形阵列的总角度。在对话框中的“体”选项中选择上一步骤创建完成的叶片模型，“回转轴”选择圆形阵列的轴线，“要素数”设置为 4，“合计角度”为 360°，并勾选“等间距”和“用轴回转”复选框，然后单击“确定”按钮。

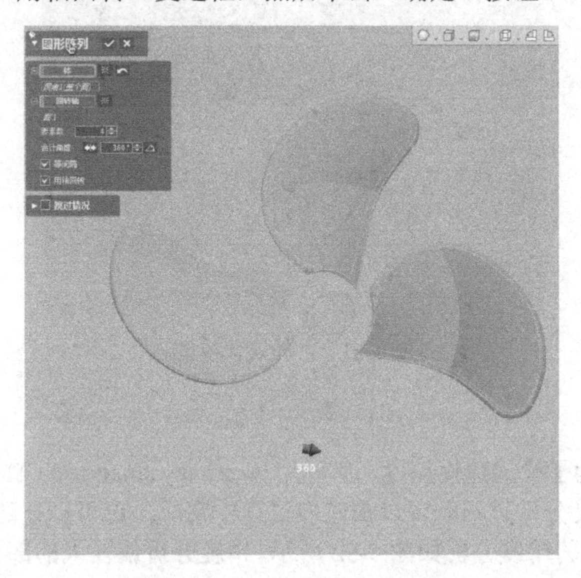

图 5-49　“圆形阵列”对话框

第九步是对所有实体进行布尔运算，生成一个完整的实体模型。具体操作步骤为：选择“模型”→“编辑”→“布尔运算”命令，在弹出的对话框中，“操作方法”选择“合并”，“工具要素”中用鼠标框选模型的所有实体特征，并单击确认按钮，布尔运算过程如图 5-50 所示。

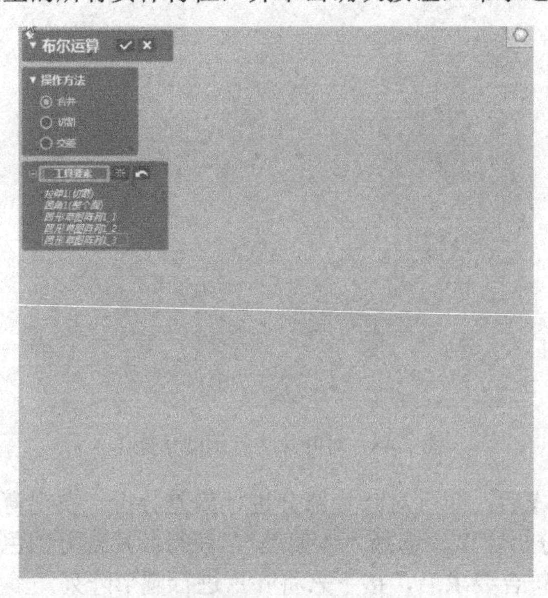

图 5-50　布尔运算过程

最终生成的叶轮实体模型如图 5-51 所示。

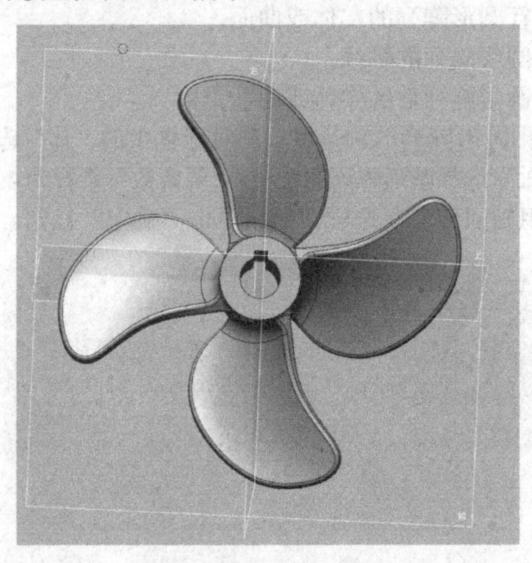

图 5-51　叶轮实体模型

7. 精度分析

在建模过程中，为了检验建模精度，应利用 Accuracy Analyzer（TM）精度分析功能对模型进行偏差分析。精度分析过程既可以在建模过程中完成，也可以在建模完成后进行统一的精度分析。建模完成后的精度分析如图 5-52 所示。精度分析偏差大的部分依然可以进行修改，直至精度分析符合要求为止。

图 5-52　精度分析

8. 模型输出

选择“菜单”→“文件”→“输出”命令，弹出“输出”对话框，在“要素”选项中框选整个模型，单击“确定”按钮，再选择文件的保存位置并将文件保存为“.stp”格式。

5.2.3　基于 Geomagic Control X 的数据检测

Geomagic Control X 是一款功能强大的三维检测软件，为用户提供真实的零件测量、验证和报告，新版本增强了多种功能，拥有探测功能、用户界面、报告三大亮点，让检测过程更快速、更精确，具有完整精简的工作流程。该软件可捕获和处理来自 3D 扫描仪和其他设备的数据以测量、了解和交流检测结果，从而确保数据模型各个位置的质量，实现更快、更全面、随时随地测量。

5.2.3.1　软件功能

1. 软件界面

软件界面如图 5-53 所示，由标题栏、菜单栏、工具栏（分为多个工具组）、模型管理器、模型显示区、对话框、状态栏等部分组成。

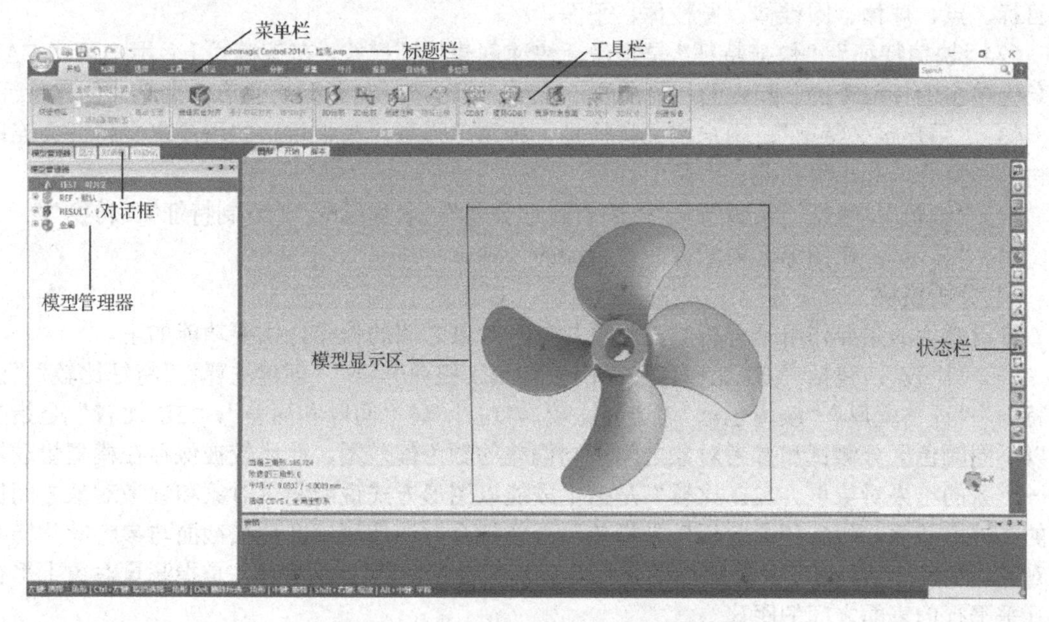

图 5-53　Geomagic Control X 软件界面

2. 软件功能

通过 Geomagic Control X 能够实现可跟踪、可重复的工作流程以进行质量测量。用户可通过这个平台对检测对象进行编辑、CAD 比较等自动化操作。该款软件拥有功能强大的脚本定制能力，它可处理大量点云数据并加以分析和运行三维扫描仪，同时可利用丰富的数据自动化生成易解读的偏差色谱图，并可对复杂任务进行自动化处理，其提供的形位公差和方位检查功能可加快零件的测量速度和精确度。

Geomagic Control X 软件的主要功能如下：

（1）通过三维扫描仪、数字化仪和硬测设备采集点和多边形数据；

（2）内置 CAD 导入接口，可导入 CATIA、UG 和 Creo 等三维设计软件中的数据；

（3）将实物件与 CAD 模型或数次扫描均值比对；

（4）实现注释、尺寸标注及测量分析；

（5）输出详细检测报告、多视图数字检测数据、注释和结论；

（6）内含翼型分析；

（7）分析复杂的机翼几何形状；

（8）分析复杂的内部几何形状。

3. 软件模块

Geomagic Control X 软件的数据检测过程主要包括：“开始模块”“视图模块”“选择模块”“工具模块”“特征模块”“对齐模块”“分析模块”“采集模块”“叶片模式”“报告模块”“自动化模块”“多边形模块” 12 个模块。由于 Geomagic Control X 的模块与 Geomagic Wrap 的部分相似，以下只介绍 Geomagic Control X 的特色模块。

1）特征模块

特征模块的主要作用是识别对象结构内现存的特征，并为它们分别指定名称，以便在分析、对齐和修建工具时进行参考，还可以修改现有的“特征”。主要的功能如下。

（1）“创建”：进入创建模式，可识别直线、圆、椭圆槽、矩形槽、圆形槽、点目标、直线目标、点、球体、圆锥体、圆柱体、平面。

（2）“快捷特征”：“快捷特征”是指激活快速创建特征模式。在该模式下，用户可在 CAD 对象上单击的任何平面、圆柱面、圆锥面、球面、矩形槽、椭圆槽或圆形槽上迅速创建特征。

（3）“用户定义特征”：用户定义特征是一种物理模型，其中特定的用户定义特征会连同测试公差集合一起出现在测试对象上。

（4）“编辑”：包括“编辑特征”“编辑特征公差”“名称匹配”“复制特征”“转换”。

（5）“显示”：在图形区内配置三维特征的外观。

2）分析模块

分析模块的主要作用是分析测试对象与参考对象之间的偏差，主要功能如下。

（1）“比较”：包括“3D 比较”“2D 比较”“2D 扭曲分析”“创建注释”“特征比较”“注释特征”“评估壁厚”“编辑色谱”“边界比较”“边计算”“间隙和面差”。“3D 比较”是指生成以不同颜色区分测试和参考对象之间不同偏差的颜色偏差图，此比较被保存在模型管理器的一个新的结果对象里。“2D 比较”是指生成能以图形方式说明测试对象和参考对象之间偏差的二维横截面。“2D 扭曲分析”是指使用最佳拟合方法使测试叶片横截面与参考叶片横截面对齐，然后计算测试叶片横截面的平移与旋转扭曲情况。“评估壁厚”是指测量对象上平行或几乎平行的表面之间的距离。

（2）“尺寸”：包括“GD&T”“贯穿对象截面”“2D 尺寸”“3D 尺寸”。“GD&T”是指在 CAD 对象上创建形位公差（GD&T）标注。“贯穿对象截面”是指创建点对象、多边形或 CAD 对象的横截面。

（3）“测量”：包括“距离”“计算”“点坐标”。

3）叶片模块

叶片模块的主要作用是创建叶片特征。主要的功能如下。

（1）“叶片”：包括“叶片截面分析”“评估节距”。

（2）“用户定义特征”：创建用户定义特征（UDF）集合。用户定义特征（UDF）集合是一种物理模型，其中特定的 UDF 会连同该 UDF 的测试公差集合一起出现在测试对象上。包括“定义 UDF”“创建 UDF 标注”“评估 UDF 标注”“UDF 选项”。

4）报告模块

报告模块的主要作用是按照指定的内容、格式与输出类型生成报告，并将其保存在默认项中指定的文件夹内。主要的功能如下。

（1）“创建报告”：创建生成新报告。

（2）“模板选项”：选择报告的模板。

（3）“分析”：包括“趋势分析”“失效分析”。“趋势分析”是指将两个或多个报告所包含的原始数据导出为 Excel 电子报表，以分析趋势。“失效分析”是指分析结果对象，并返回一个简单的“通过/失败”结果。

5）自动化模块

自动化模块的主要作用是执行激活的自动化命令。主要的功能如下。

（1）“自动化”：包括“运行自动化”“迁移自动化”“设计自动化”。“运行自动化”是指在当前的测试对象上执行激活的自动化命令。“迁移自动化”是指将 Qualify 运行顺序自动化从一个参考对象转移至另一个参考对象。“设计自动化”是指打开一个激活的自动化设计界面。

（2）“宏”：停止与运行宏命令。包括“记录”“停止”“运行”。

（3）“高级”：包括“日志”“启动命令”“批处理”。

5.2.3.2　数据检测方法

本实例将继续通过叶片这一在工业领域应用广泛的典型产品，介绍 Geomagic Control X 软件的数据检测方法和步骤。

（1）如图 5-54 所示，导入逆向建模后的三维模型。

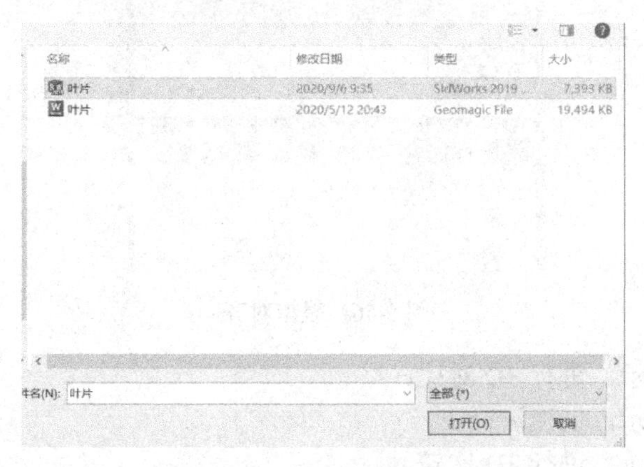

图 5-54　导入逆向建模后的三维模型

（2）如图 5-55 所示，导入原始扫描模型。

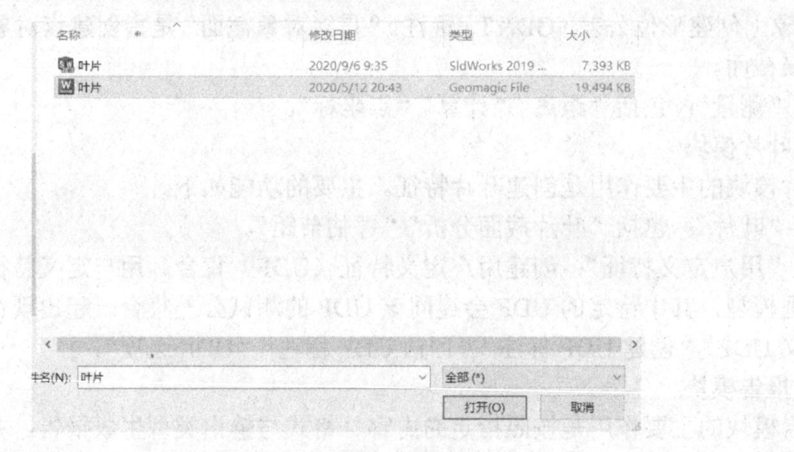

图 5-55　导入原始扫描模型

（3）如图 5-56 所示，进行模型对齐。

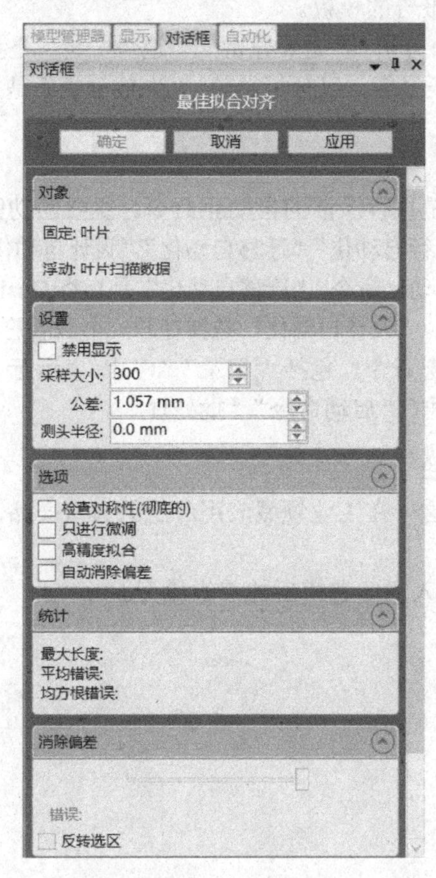

图 5-56　模型对齐

（4）如图 5-57 所示，进行 3D 对比。

（5）如图 5-58 所示，创建注释。

（6）如图 5-59 所示，进行 2D 比较。

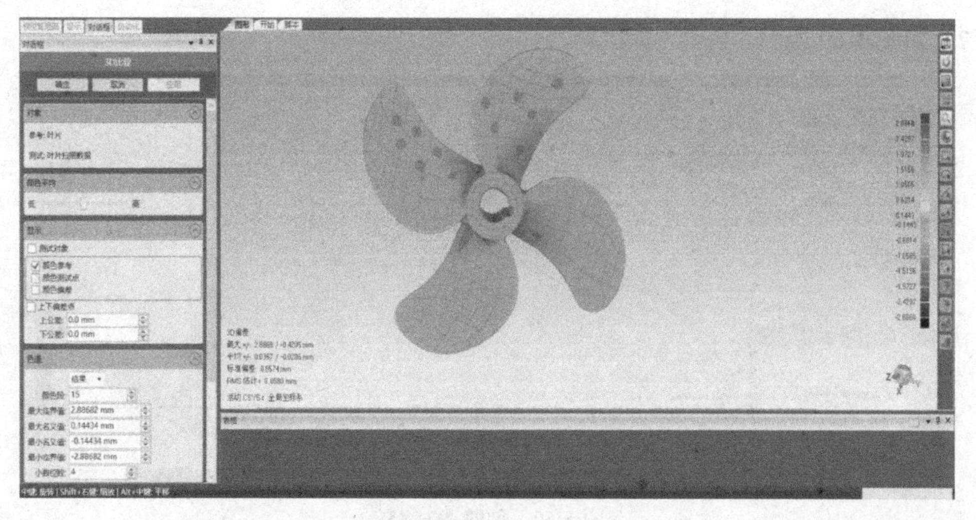

图 5-57　3D 对比

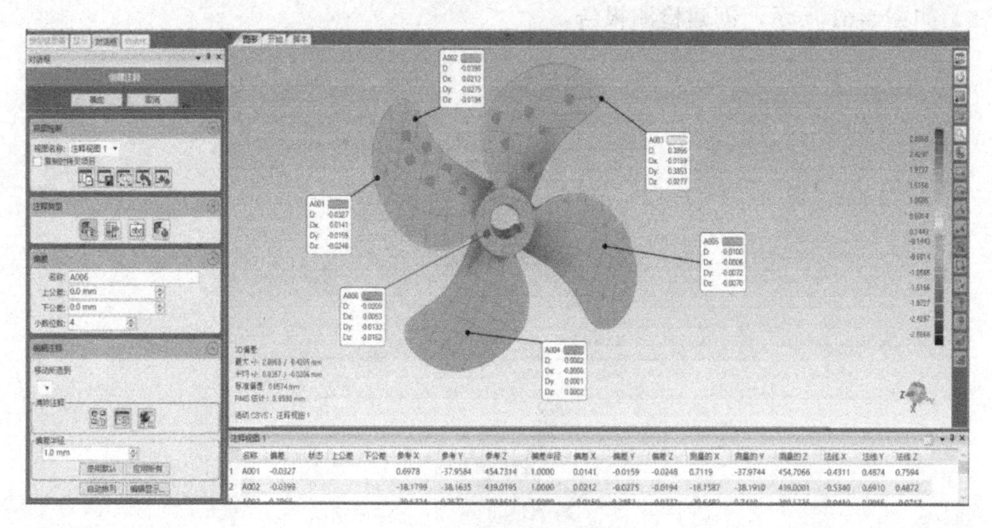

图 5-58　创建注释

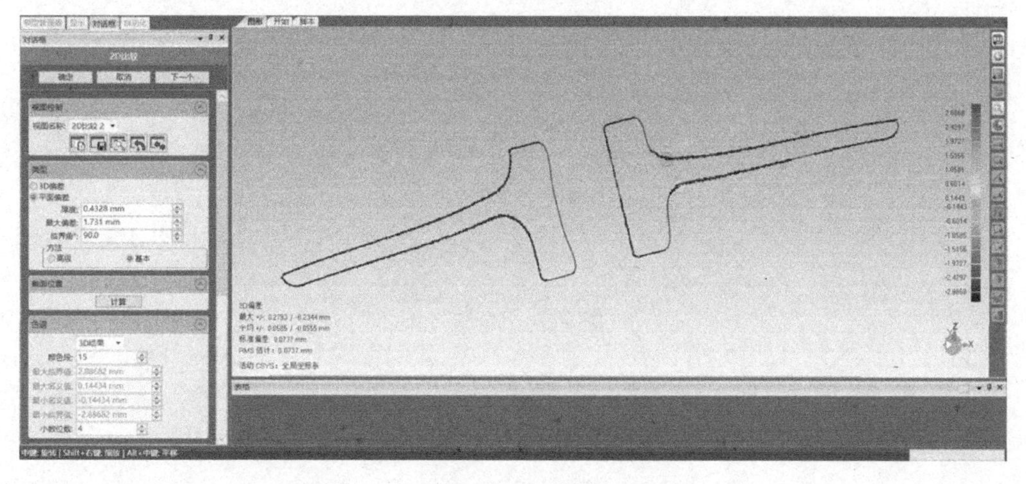

图 5-59　2D 比较

（7）如图 5-60 所示，创建 2D 注释。

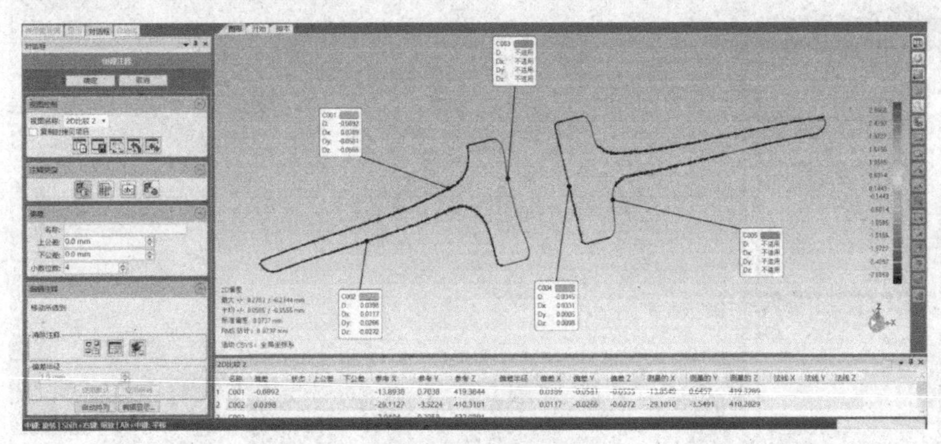

图 5-60　创建 2D 注释

（8）如图 5-61 所示，创建检测报告。

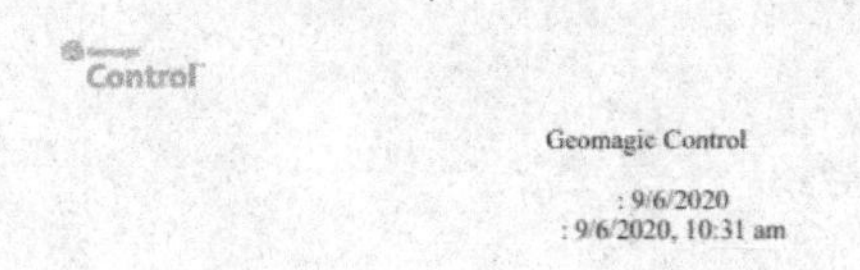

: 86159:DESKTOP-P1P0DSE
: 3D Systems, Inc.
:

Page 1

图 5-61　创建检测报告

第 6 章　应用案例

6.1　应用案例一

本案例选取叶轮这一应用广泛的典型工业产品，着重介绍逆向工程技术的全流程。如图 6-1 所示，逆向工程是从“实物原型”→“数字化实物三维原型”→“三维原型建模”→“创新设计的三维模型”→“创新实物”的全过程。因此，案例介绍过程主要包括数字化测量、逆向建模、正向创新设计、3D 打印等技术。

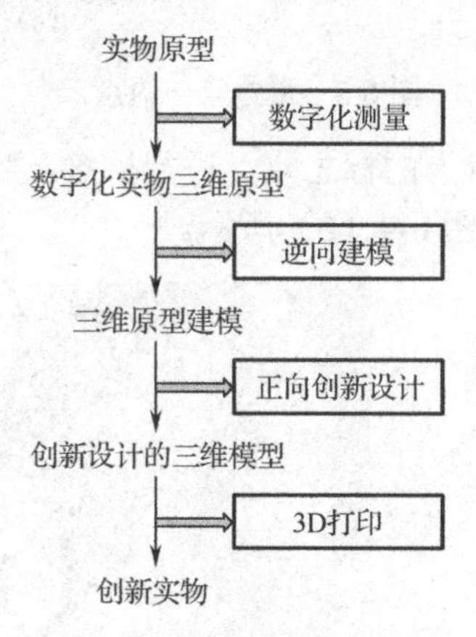

图 6-1　逆向工程技术全流程

6.1.1　三维扫描

1）叶轮表面处理

在叶片的正面和背面同时粘贴标志点，利用转盘上的标志点实现物体正面、反面、侧面、顶面、底面等不同角度三维数据的采集和无缝拼接。工业产品的表面处理方法详见 4.5 节。表面处理后的叶轮如图 6-2 所示。

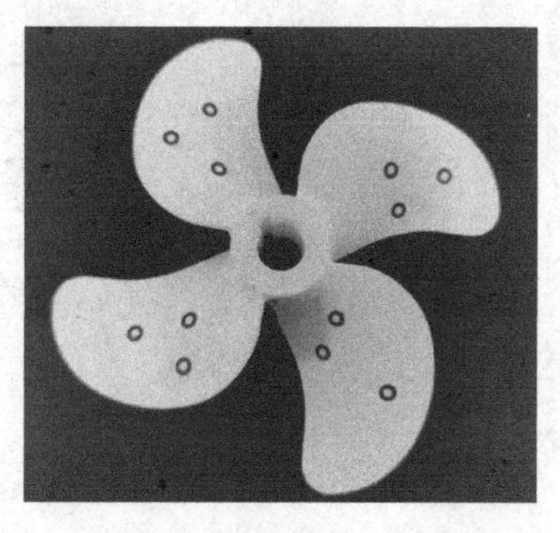

图 6-2　表面处理后的叶轮

2）叶轮数据扫描

将叶轮放在黑色转盘上，保持叶轮和转盘没有相对位移，叶轮摆放位置如图 6-3（a）所示，采集第一幅点云如图 6-3（b）所示。

（a）叶轮摆放位置

（b）采集第一幅点云

图 6-3　采集第一幅点云

将转盘旋转 90 度，利用转盘上的标志点，进行拼接，叶轮摆放位置如图 6-4（a）所示，采集并完成拼接的第二幅点云如图 6-4（b）所示。

（a）叶轮摆放位置

（b）采集并完成拼接的第二幅点云

图 6-4　采集第二幅点云

将转盘再次旋转 90 度，叶轮摆放位置如图 6-5（a）所示，采集并完成拼接的第三幅点云如图 6-5（b）所示。

（a）叶轮摆放位置

（b）采集并完成拼接的第三幅点云

图 6-5　采集第三幅点云

选择套索工具，选择后单击“删除”图标，选取杂点并将杂点删除，杂点删除过程如图 6-6 所示。

（a）杂点删除前

（b）杂点删除后

图 6-6　杂点删除过程

此时，所有的标志点都被顺利采集，位置关系也全部确定，这时我们将叶轮放在黑布上，直接扫描采集，摆放位置和采集并完成拼接的点云如图 6-7 所示。

（a）叶轮摆放位置

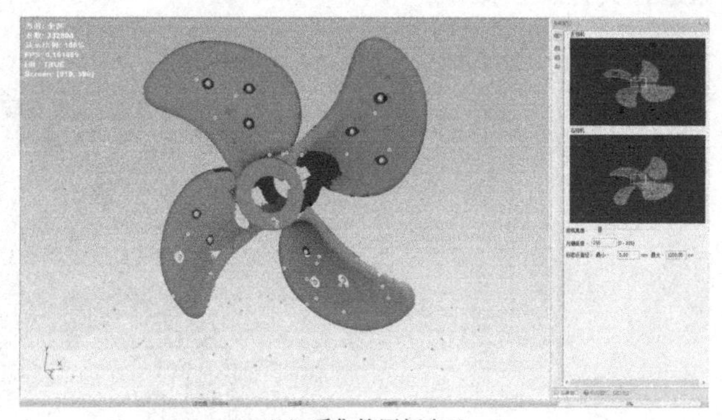

（b）采集第四幅点云

图 6-7　采集第四幅点云

通过观察将叶轮旋转 15°～20° 左右，进行各部位补全，采集的第五幅点云如图 6-8 所示。

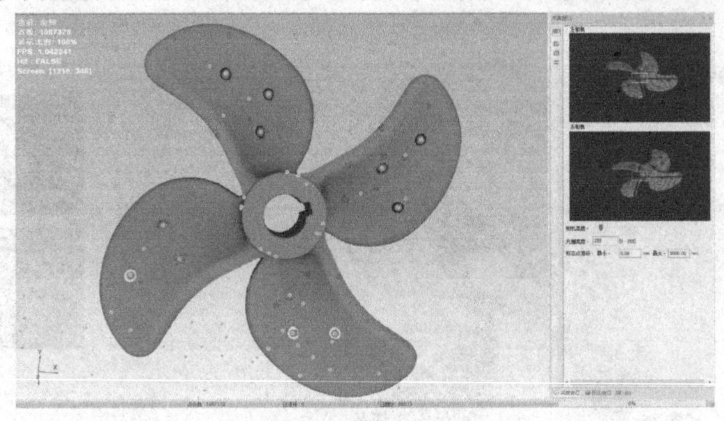

图 6-8　采集的第五幅点云

叶轮的正面扫描完成后，把叶轮反转到背面，摆放位置和采集并完成拼接的点云如图 6-9 所示。

（a）叶轮摆放位置

（b）采集第六幅点云

图 6-9　采集第六幅点云

再将叶轮旋转 15°～20°，进行各部位补全，如果有其他部位没有扫描全，可以通过变换角度，使采集的数据尽量完整，采集的第七幅点云如图 6-10 所示，扫描完成后单击“保存”按钮进行文件保存操作。

图 6-10　采集的第七幅点云

单击工具栏中“处理点云”图标，“是否删除杂点”对话框的提示如图 6-11 所示，单击“是”按钮，进入处理点云对话框。

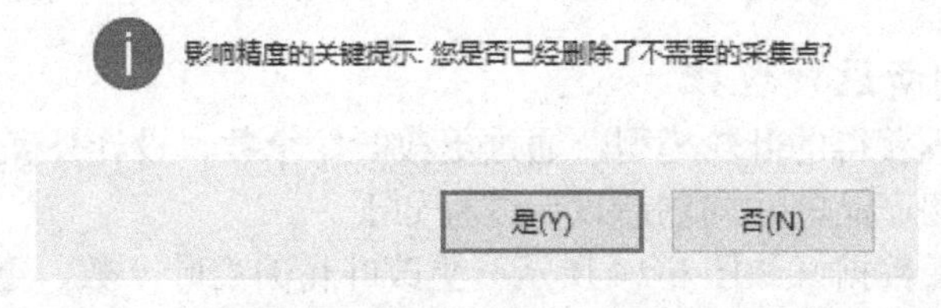

图 6-11 “是否删除杂点”对话框

“处理点云”对话框如图 6-12 所示，通过设置相应参数调节点云处理数据，单击图中“处理点云”按钮，进行点云处理。

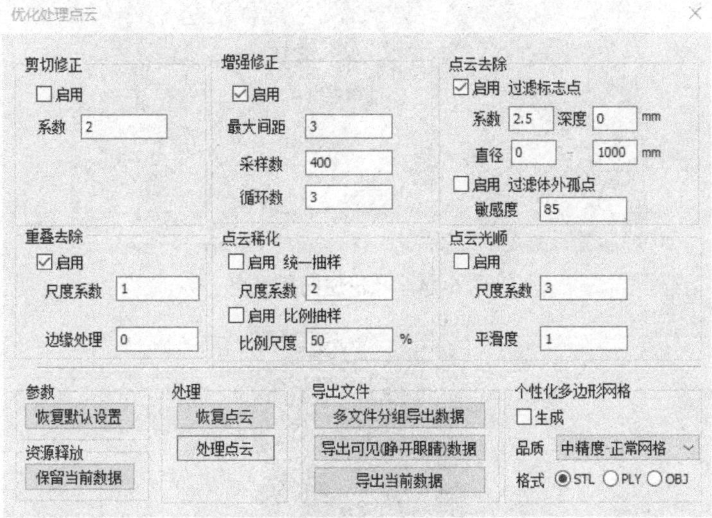

图 6-12 “处理点云”对话框

如图 6-13（a）所示原始扫描的点云数量是 3723494 个，单击“处理点云”结束后，如图 6-13（b）所示点云数量是 360640 个，数据量缩小了近 10 倍，大大减少了数据的计算量，处理数据的速度也大大提升了。

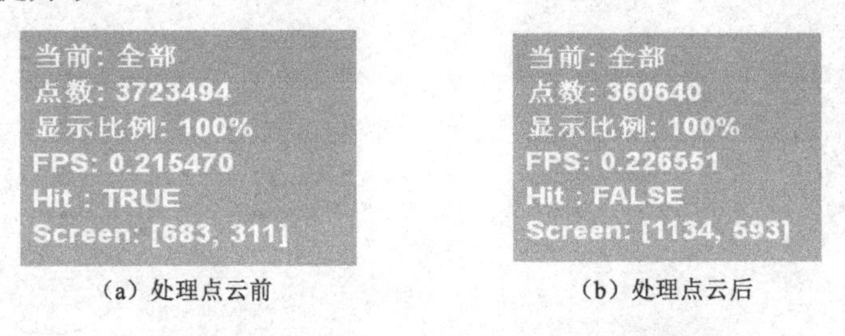

（a）处理点云前　　（b）处理点云后

图 6-13 处理点云前、后点云数量对比

单击图 6-12 所示中的“导出当前数据”按钮，导出当前数据并选择所需要的格式，即可导出完整的点云数据，完成叶轮的数据采集。

6.1.2 正逆向建模过程

6.1.2.1 逆向建模过程

叶轮的逆向建模过程在前文中已经进行了详细介绍，在此不再赘述。

6.1.2.2 正向创新设计过程

利用逆向建模过程获得的叶轮模型，通过更改叶轮个数、设计外壳和手柄部分实现风扇产品的创新设计，风扇产品的正向创新设计过程如下。

（1）用之前的建模数据（如图 6-14 所示）更改叶轮的扇叶个数，更改后阵列的个数为 3 叶，角度为 120 度，圆形阵列对话框如图 6-15 所示，更改后三叶的叶轮模型如图 6-16 所示。

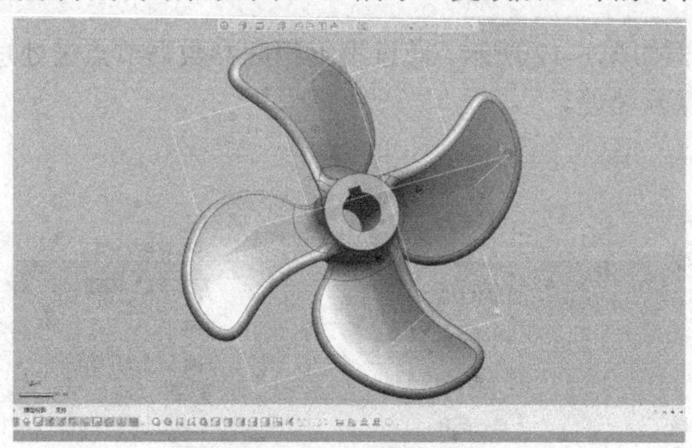

图 6-14 叶轮逆向后模型

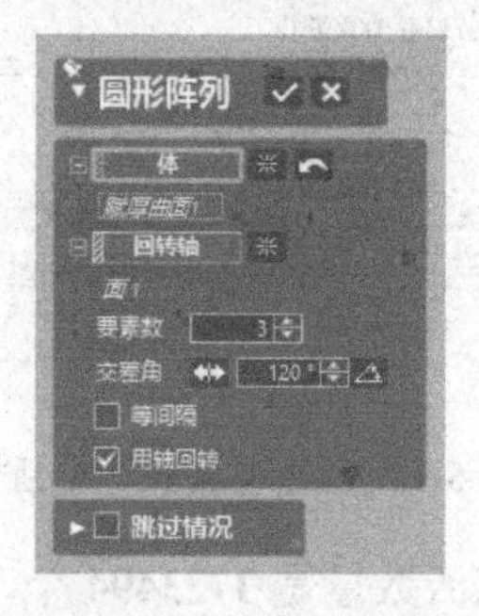

图 6-15 “圆形阵列”对话框

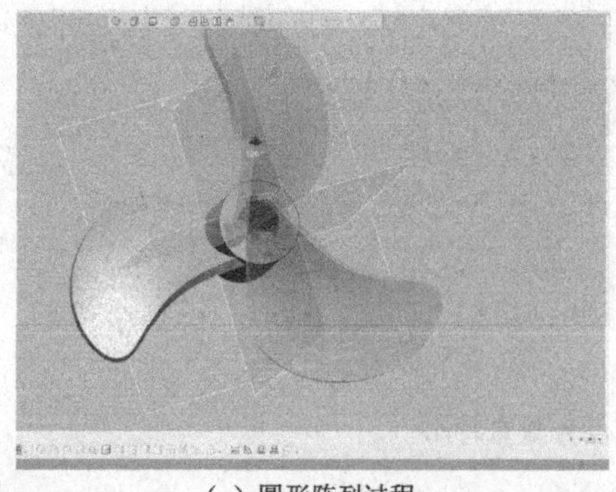

（a）圆形阵列过程

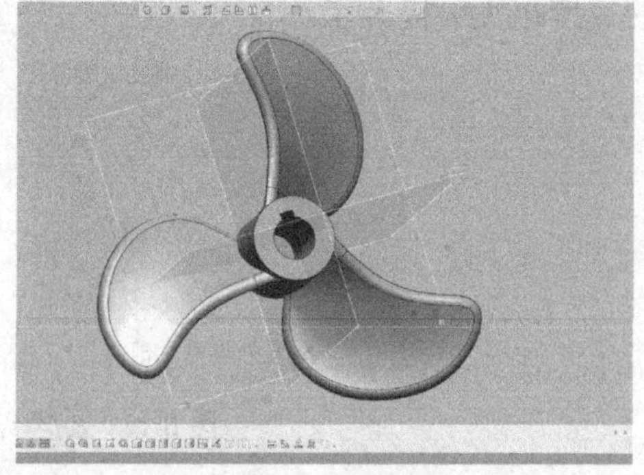

（b）圆形阵列后

图 6-16 更改后三叶的叶轮模型

（2）选择“删除面”命令，去除模型中间的键槽特征，在“删除面”对话框中选择“删除和修正”单选按钮，即可删除所选特征，去除键槽特征过程如图 6-17 所示。

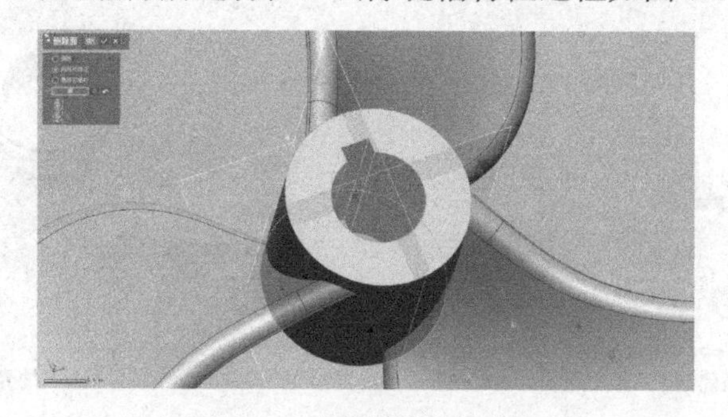

图 6-17　去除键槽特征过程

（3）把正面的圆柱进行倒角处理，背面倒角进行抽壳处理，如图 6-18 所示。

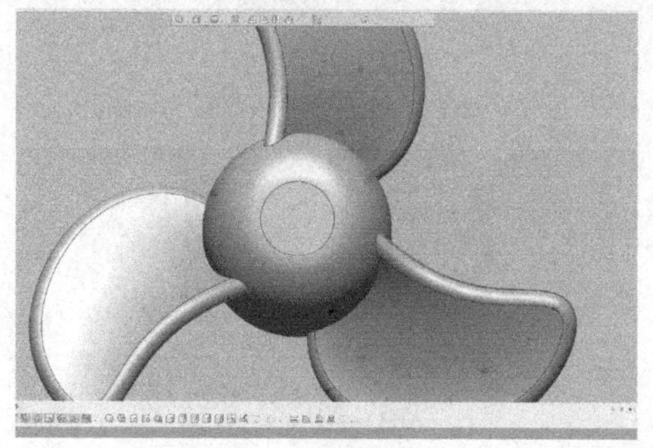

（a）正面圆柱倒角

（b）背面倒角抽壳

图 6-18　正背面倒角处理过程

（4）创建风扇连接柱过程，如图 6-19 所示。

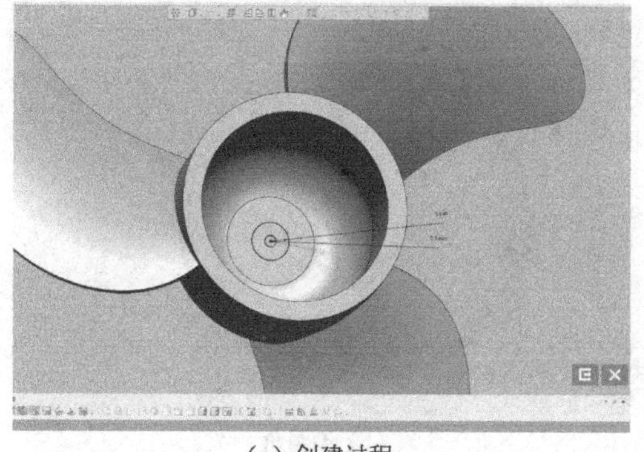

（a）创建过程

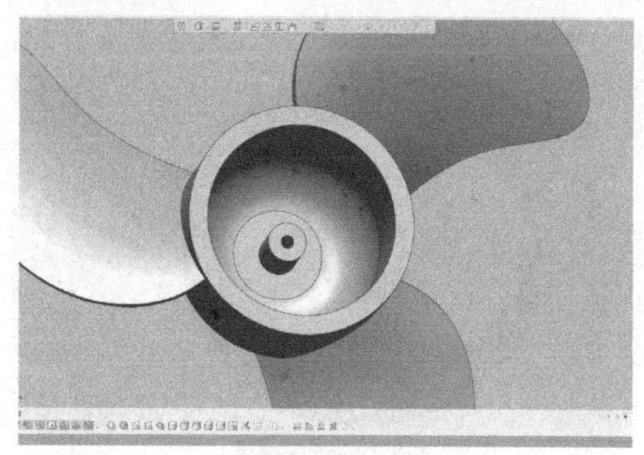

（b）创建后

图 6-19　创建风扇连接柱过程

（5）创建风扇电机槽包括创建圆柱和进行抽壳操作，创建风扇电机槽过程如图 6-20 所示。创建电机防松特征过程如图 6-21 所示。

（a）创建圆柱

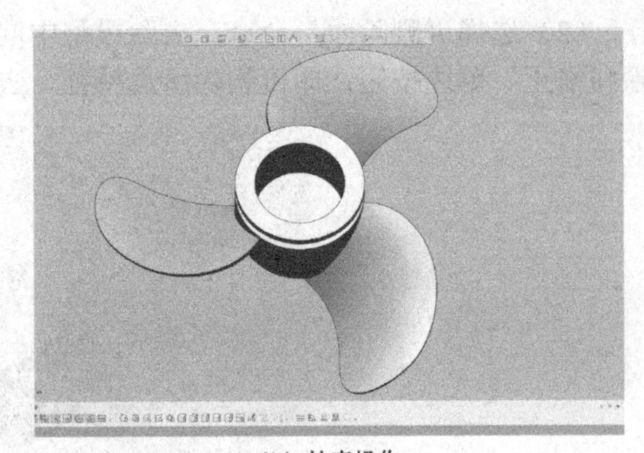

（b）抽壳操作

图 6-20　创建风扇电机槽过程

（a）创建电机防松特征

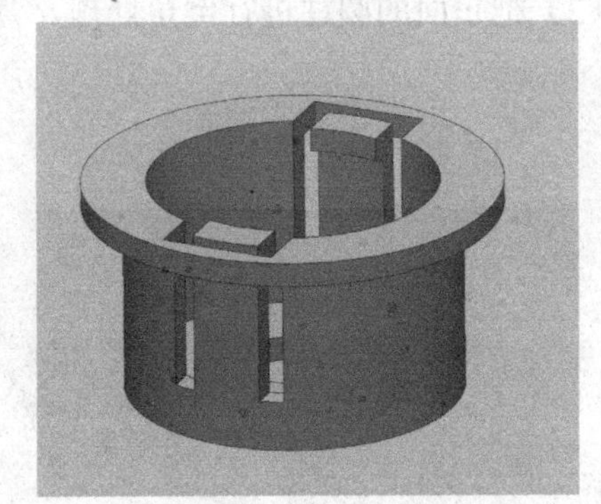

（b）创建电机防松特征部分

图 6-21　创建电机防松特征过程

（6）创建背部壳体，具体建模过程为“创建草图”→“旋转特征”→“倒圆角”，如图 6-22 所示。

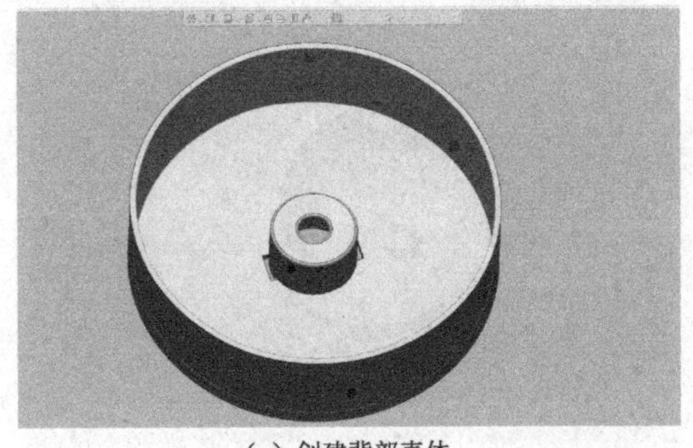

（a）创建背部壳体

（b）倒圆角

图 6-22　创建背部壳体过程

（7）创建风道特征，具体建模过程为“创建草图”→“拉伸特征”→“布尔求差”，结果如图 6-23 所示。

（8）创建装配槽，具体建模过程为“创建草图”→“拉伸特征”→“布尔求差”，结果如图 6-24 所示。

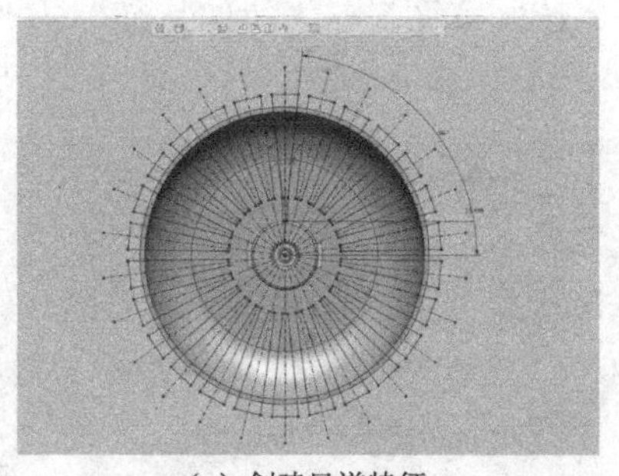

（a）创建风道特征

（b）创建后

图 6-23　创建风道特征的结果

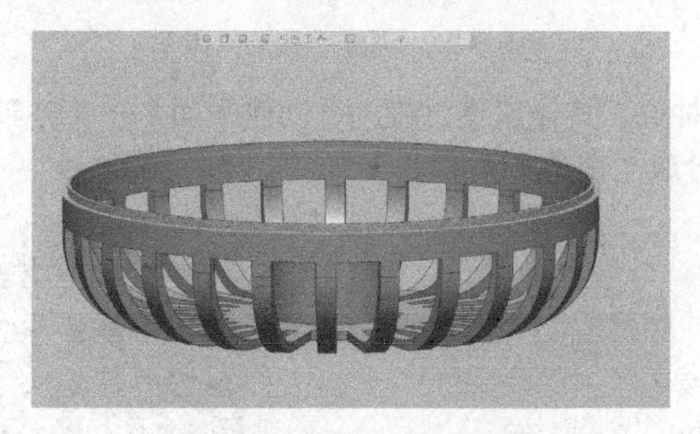

图 6-24　创建装配槽的结果

（9）创建前壳，具体建模过程为“创建草图”→“拉伸特征”，如图 6-25 所示。

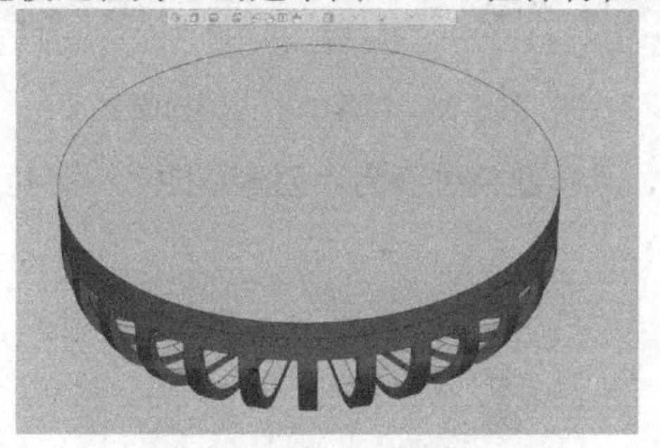

图 6-25　创建前壳的过程

（10）创建正面风道特征，具体建模过程为“创建草图”→“拉伸特征”→“布尔求差”→“边缘倒圆角”，结果如图 6-26 所示。

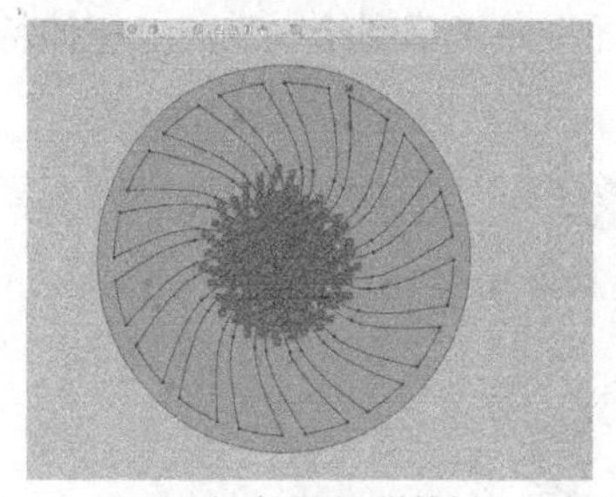

（a）创建正面风道特征

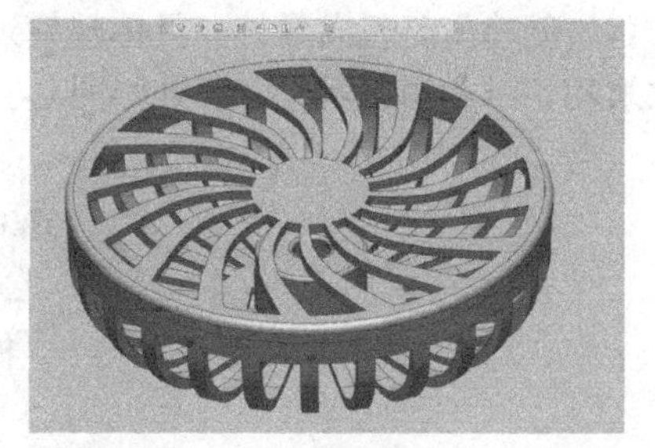

（b）创建后

图 6-26　创建正面风道特征的结果

（11）创建手柄，具体建模过程为“创建平面”→“绘制草图”→“拉伸特征”→“倒圆角”，结果如图 6-27 所示。

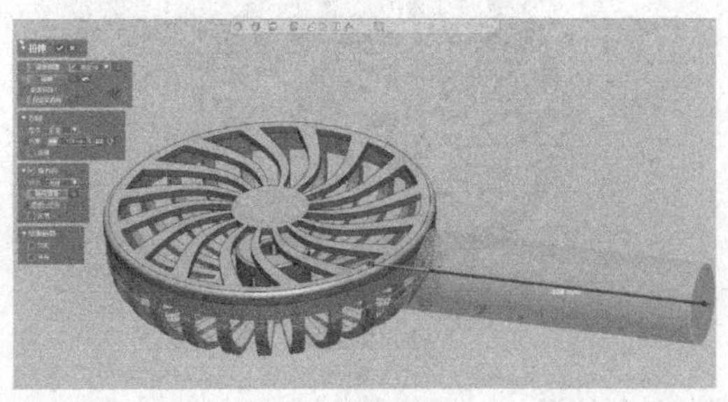
（a）创建手柄

（b）创建后

图 6-27　创建手柄的结果

（12）创建手柄内部抽壳，具体建模过程为“创建平面”→“切割”→“抽壳”，如图 6-28 所示，切割后，把手柄分成了前盖和后盖。

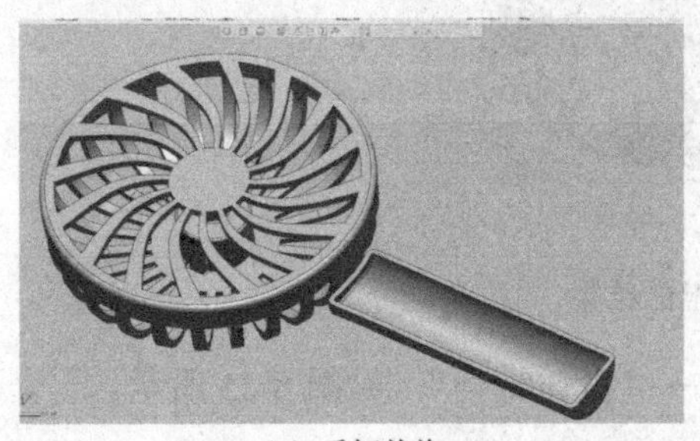
（a）手柄前盖

（b）手柄后盖

图 6-28　创建手柄内部抽壳

（13）创建手柄装配槽，具体建模过程为“创建草图”→“拉伸特征”→“布尔求差”，结果如图 6-29 所示。

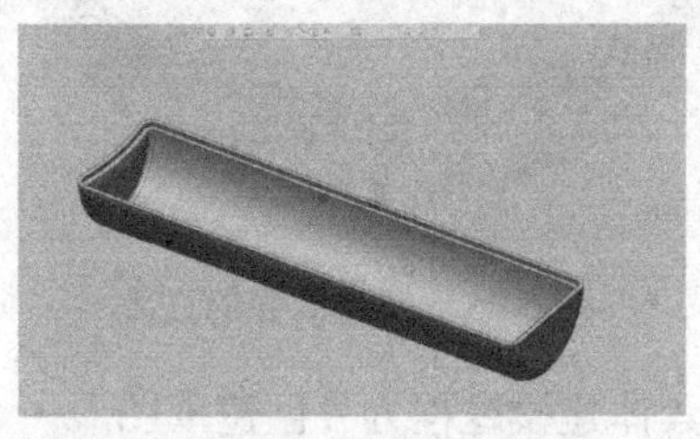

图 6-29　创建手柄装配槽的结果

（14）创建电路板向导柱，具体建模过程为“创建平面”→“草图绘制”→“拉伸特征”→“布尔求和”→“倒圆角”，结果如图 6-30 所示。

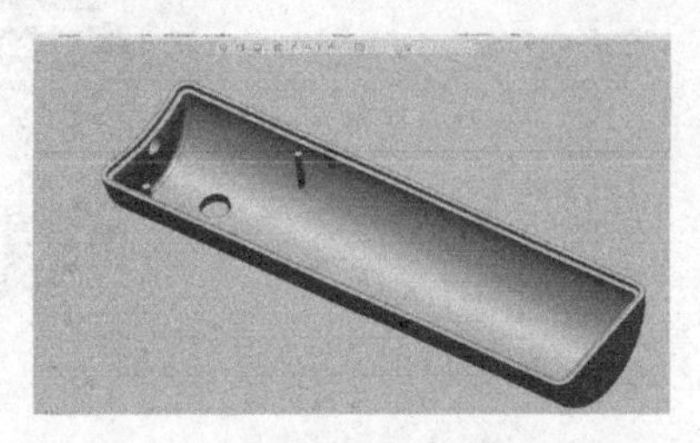

图 6-30　创建电路板向导柱的结果

（15）创建开关按钮，使用“拉伸特征”和“布尔运算”进行操作，如图 6-31 所示。

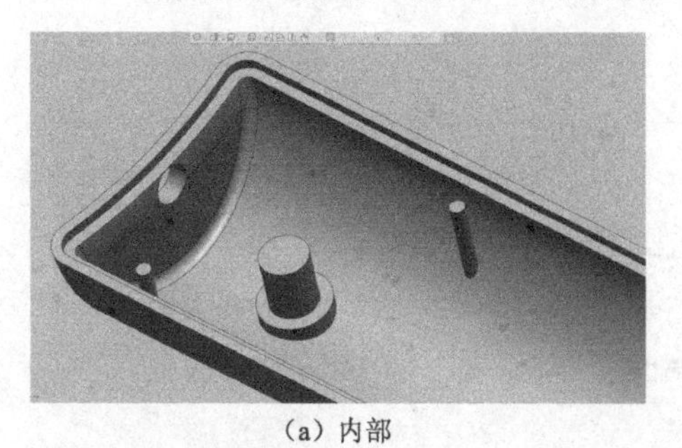

（a）内部

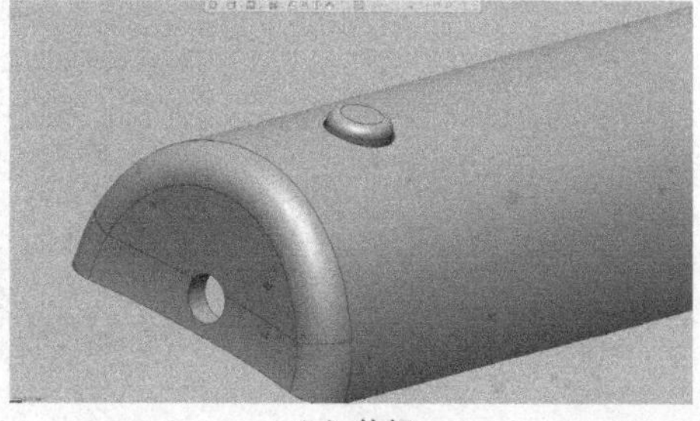

（b）外部

图 6-31　创建开关按钮

（16）手柄前盖和风扇后壳求和（如图 6-32 所示），然后需要将部分特征边界倒圆角，最终完成风扇的整体设计，如图 6-33 所示。

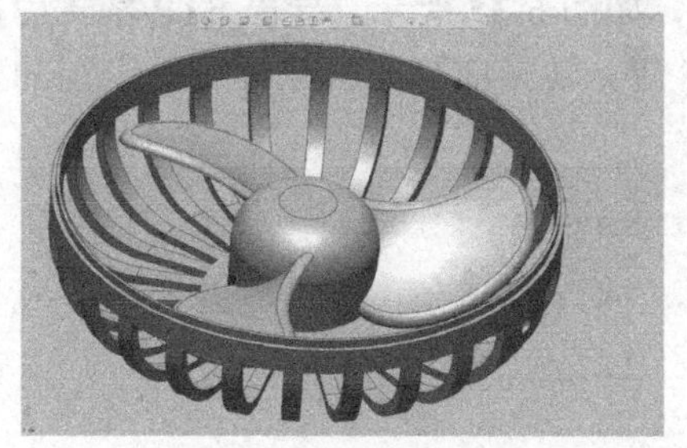

（a）风扇后壳

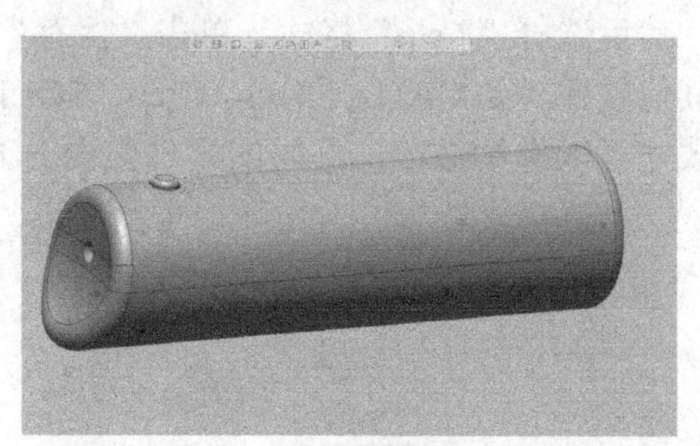

（b）手柄前盖

图 6-32　模型求和

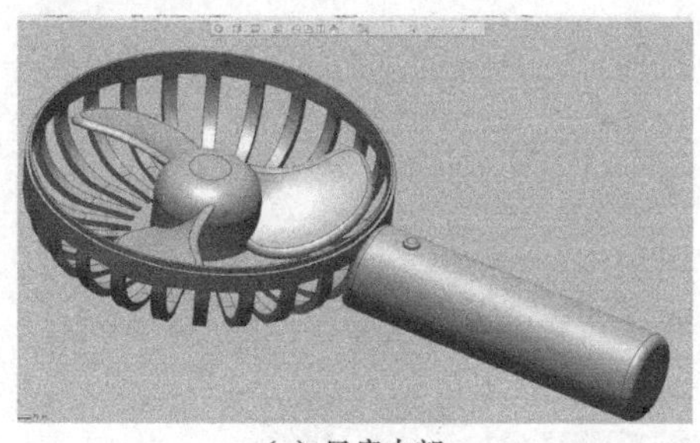

（a）风扇内部

（b）完整模型

图 6-33　风扇创新设计模型

6.1.3　3D 打印过程

6.1.3.1　切片过程

（1）我们把创新的模型导出为 STP 模型，单击“实体”选项，右击选择“输出”选项，如图 6-34 所示。

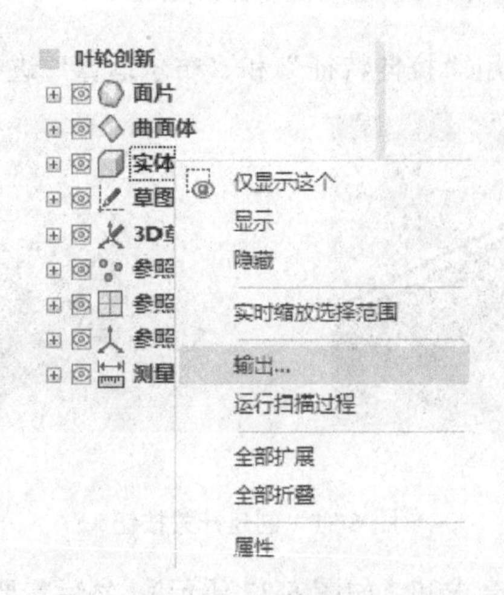

图 6-34　输出模型操作步骤

然后选择“*.stp”格式，单击“保存”按钮即可，如图 6-35 所示。导出 STP 格式后需要用其他软件（如 CATIA、UG、Creo、SOLIDWORKS 等）转换成打印机软件可以识别的 STL 格式才可以继续进行，不同的零件需要分开单独保存。

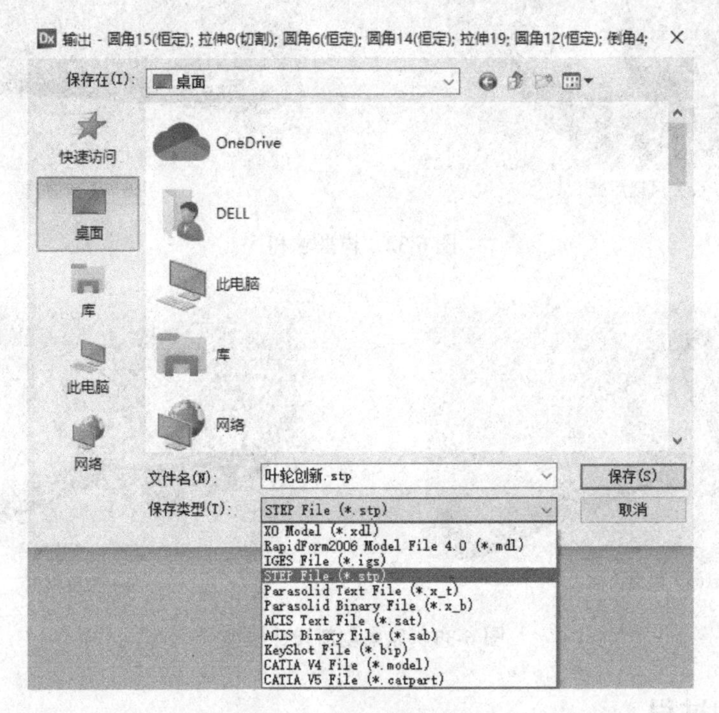

图 6-35　导出 STP 模型

（2）打开 3D 打印软件选择机型，此次打印选用的机型为“F192”，然后单击“载入文件”，选择需要打印的模型，并单击“打开”按钮，载入后的模型如图 6-36 所示。

（3）单击“切片设置”，如图 6-37 所示：

① 层高设置为 0.15mm；

② 综合速度为默认参数 50mm/s；

③ 填充率设置为 20%；

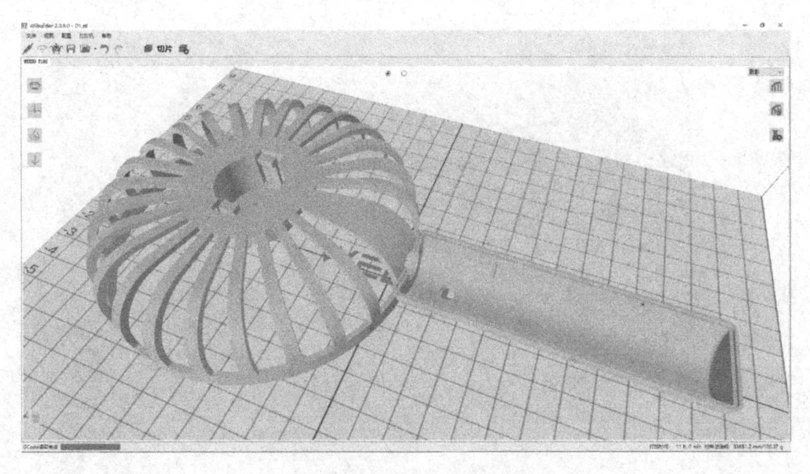

图 6-36　载入后的模型

④ 默认材料温度为 200℃；

⑤ 底板选择“衬垫”，先在平台上打印若干层作为底板，然后再打印模型，使模型拥有更好的附着性，同时可有效地防止翘边；

⑥ 为了避免翘边，开启平台加热，平台温度一般为 40～60℃，默认为 40℃；

⑦ 左材料温度默认为 183℃（双喷头机器的情况下）；

⑧ 材料为 PLA；

⑨ 其他参数为默认。

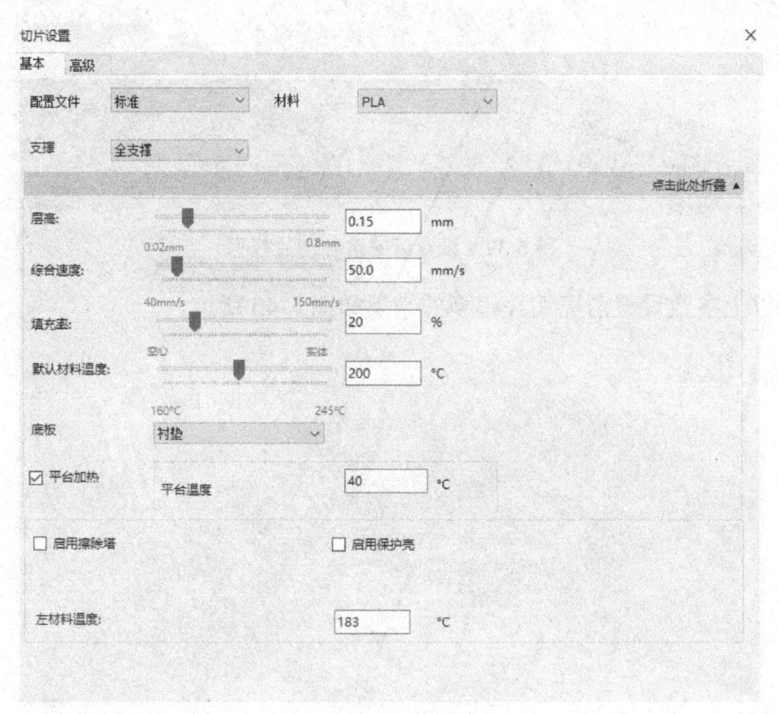

图 6-37　切片设置

单击“切片”按钮，软件自动切片，待切完后，如图 6-38 所示，将模型转换成若干层线条，打印机会根据生成的轨迹打印出相应的模型。然后单击“保存”按钮，保存切片文件。

图 6-38　切片模型转换为线条状

（4）按照以上参数设置扇叶切片模型的结果如图 6-39 所示。

图 6-39　设置后的扇叶切片模型

（5）按照以上参数设置前壳切片模型的结果如图 6-40 所示。

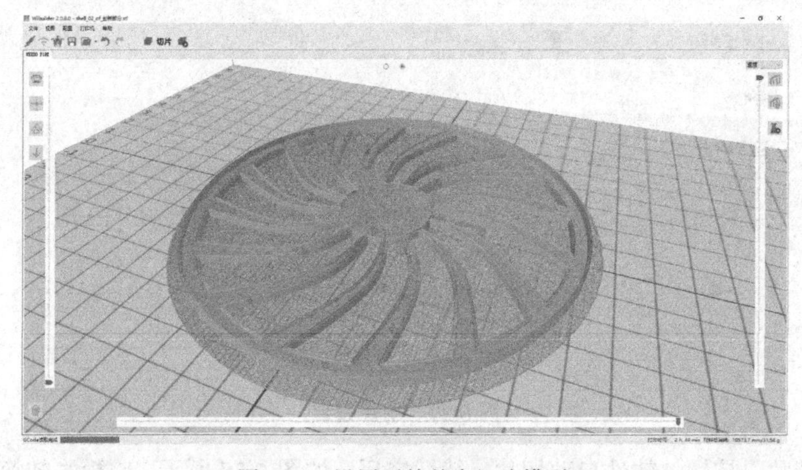

图 6-40　设置后的前壳切片模型

（6）按照以上参数设置手柄后壳切片模型的结果如图 6-41 所示。

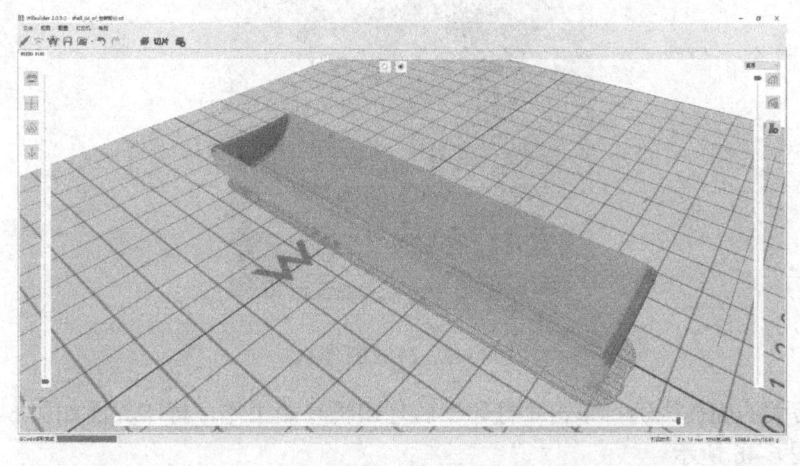

图 6-41　设置后的手柄后壳切片模型

（7）按照以上参数设置开关按钮切片模型的结果如图 6-42 所示。

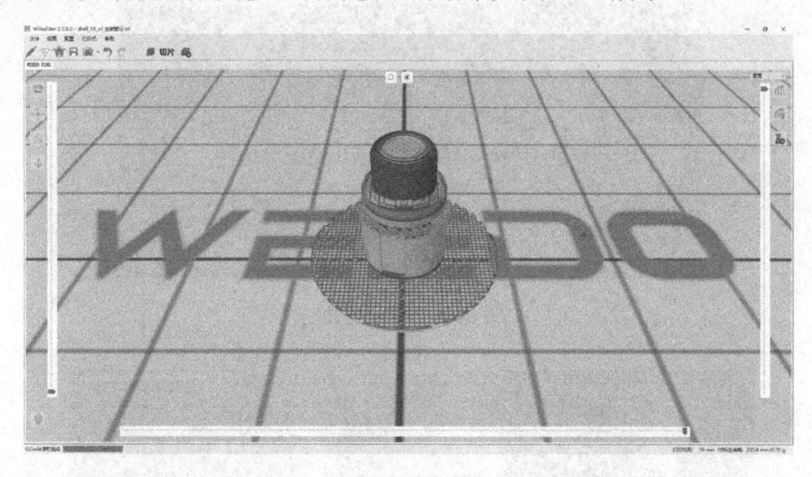

图 6-42　设置后的开关按钮切片模型

（8）将保存的切片文件复制到打印机的 SD 卡中，如图 6-43 所示，选择要打印的模型名称，即可开始打印。

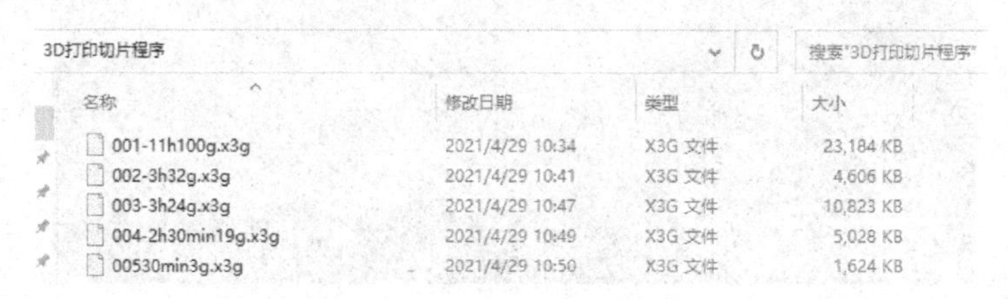

图 6-43　3D 打印切片程序

6.1.3.2　打印过程

（1）在单击打印前要确保打印机已进料完毕，打印平台调平完毕，采用的打印机 F192 如图 6-44 所示。

图 6-44　F192 打印机

（2）以最大的壳体为例，单击“打印”后打印机开始工作，打印界面如图 6-45 所示，打印机平台如图 6-46 所示。

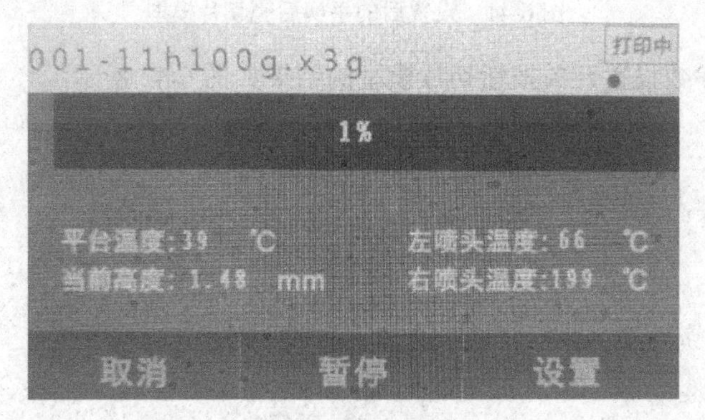

图 6-45　打印界面

图 6-46　打印机平台

（3）打印完成的结果如图 6-47 所示，共用时 11 个小时，其他零件打印过程类似。本书就不一一赘述了。打印完成后，再利用刀片等工具对产品进行简单处理，即可获得成型后的产品创意设计原型。

图 6-47　打印完成的结果

6.2　应用案例二

该案例选用“2020 年全国高校教师教学创新大赛——3D/VR/AR 数字化虚拟仿真主题赛项”中的喇叭状工业产品，实现该产品的三维扫描、逆向建模、正向创新设计和 3D 打印过程。

6.2.1　三维扫描

首先将该产品喷涂反差增强剂和贴标记点，再将实物喇叭放置在扫描转盘上，在软件采集窗口的实时显示区域观察，确保投射十字位于喇叭实物的中心位置，如图 6-48 所示。

（a）实物位置

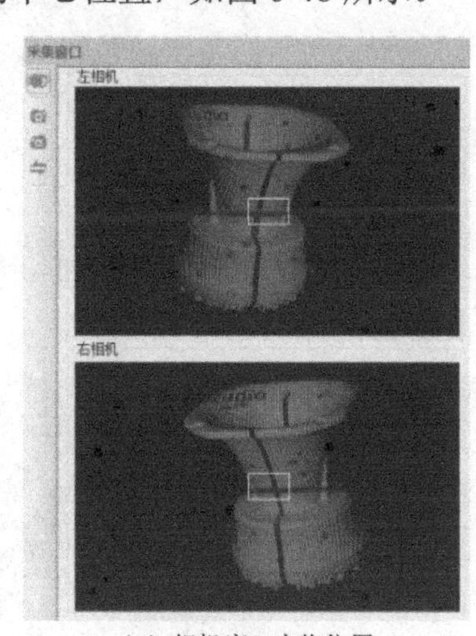

（b）相机窗口实物位置

图 6-48　调整实物位置

调整好实物位置后开始第一步扫描，单击工具条中的“采集”按钮，可以看到扫描仪向物体投射变化的条纹光。当条纹光静止时，第一组点云数据采集结束，通过对视图窗口中显示的点云图进行观察，保证当前的数据至少含有 3 个标志点的数据，这样才能保证后面采集的数据能够正确拼接，第一步扫描如图 6-49 所示。

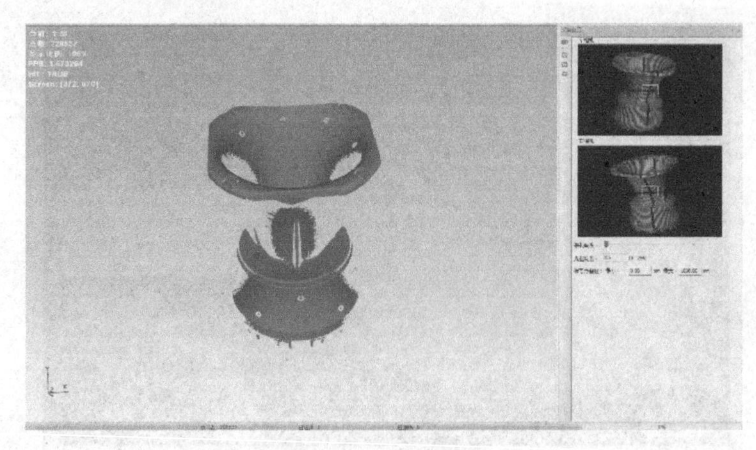

图 6-49　第一步扫描

将物体移动一定角度进行第二步扫描，实现与第一组点云数据的自动拼接。将喇叭旋转15°～45°，再次单击“采集”命令进行下一步扫描，得到如图 6-50 所示的第二步扫描点云数据。

图 6-50　第二步扫描

类似于第二步扫描，向同一方向继续转动一定角度，如图 6-51～图 6-54 所示，完成喇叭上表面的扫描。

图 6-51　第三步扫描

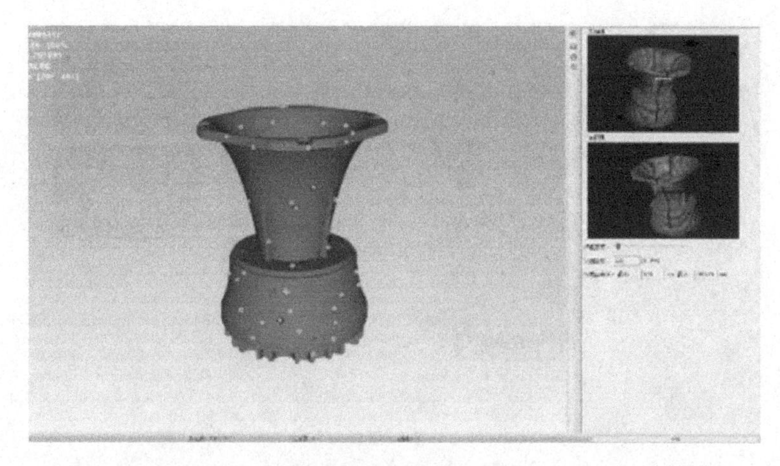

图 6-52　第四步扫描

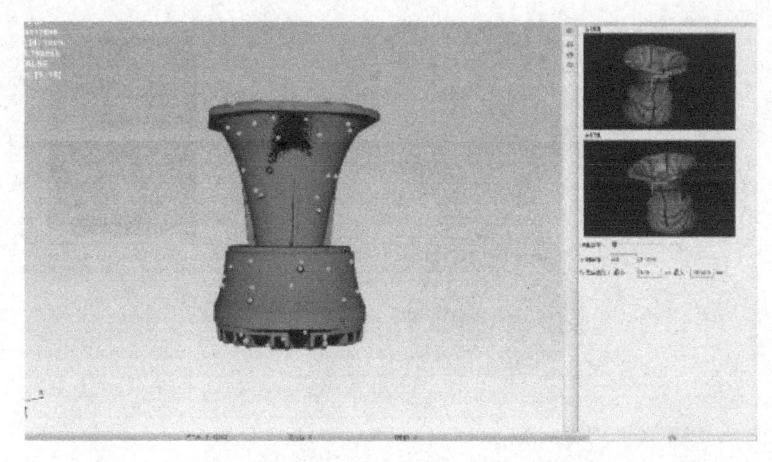

图 6-53　第五步扫描

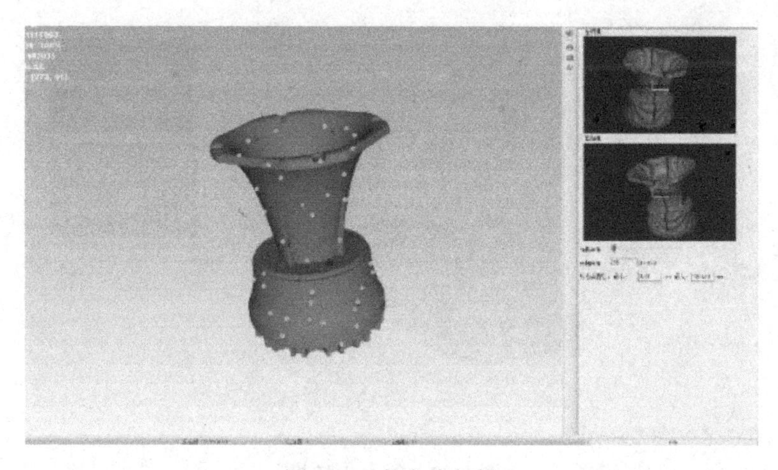

图 6-54　第六步扫描

前面已经扫描完成了喇叭的上表面，现在将喇叭翻转，并通过贴有标记点的侧面作为过渡面实现与上表面的拼接。通过在同一方向转动转盘一定的角度，以完成喇叭整个下表面的数据扫描，如图 6-55～图 6-58 所示。

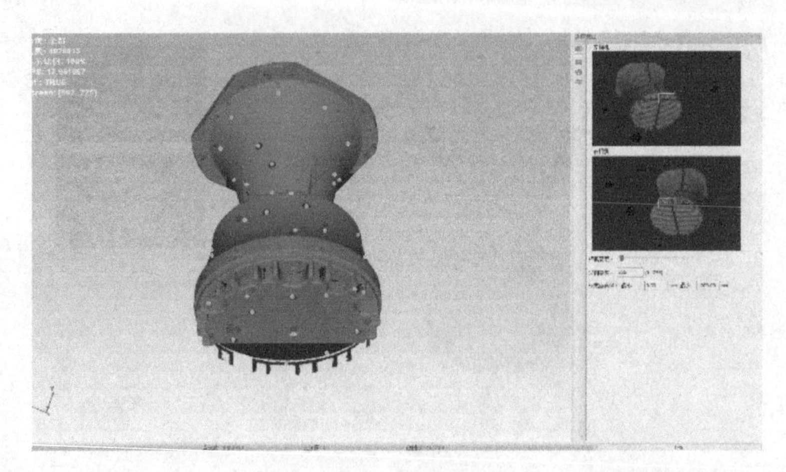

图 6-55　第七步扫描

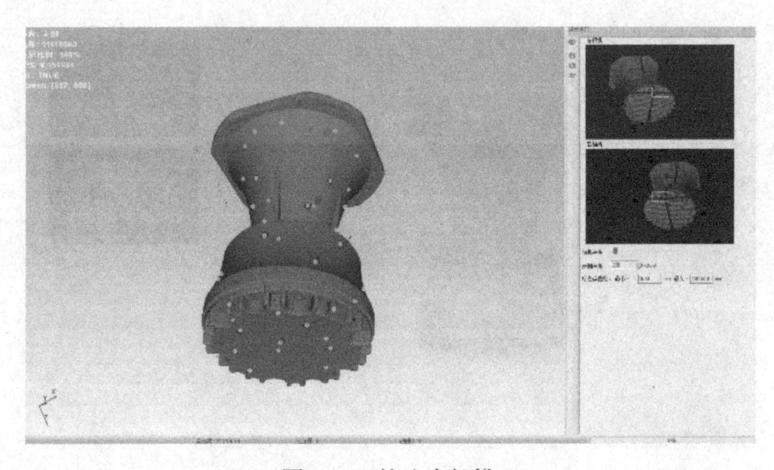

图 6-56　第八步扫描

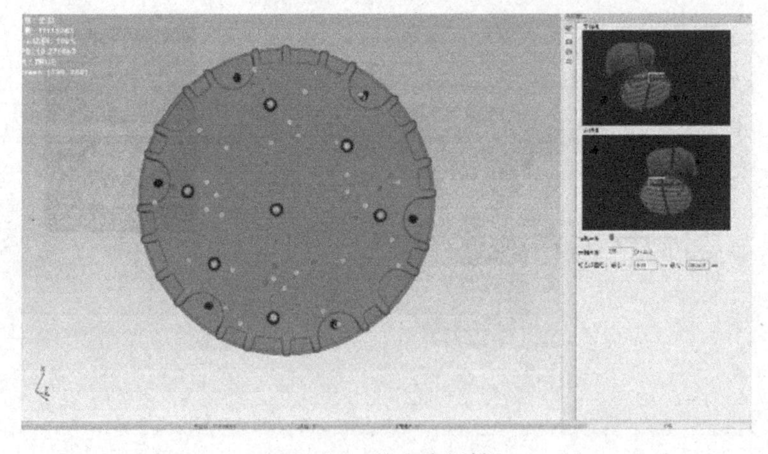

图 6-57　第九步扫描

扫描完成后，单击“处理点云”选项，处理点云后单击“导出当前数据”按钮，再根据自己所需保存的类型导入到自己建好的文件夹中，并命名。

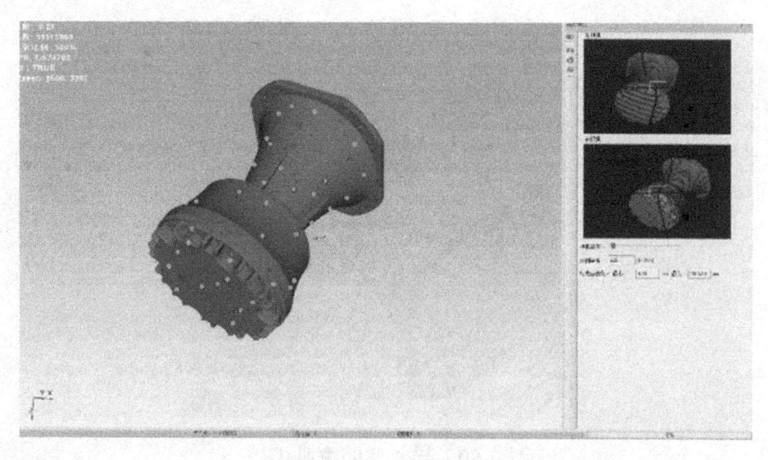

图 6-58　扫描完成

6.2.2　正逆向建模过程

6.2.2.1　逆向建模过程

点云数据扫描完成后，利用 Geomagic Design X 软件进行逆向建模。通过本案例可让读者掌握逆向建模的主要建模步骤，掌握参考几何图形、面片草图创建实体的方法，掌握根据产品的几何特征进行实体特征建模的建模方法。

该产品的逆向建模分为六个步骤，第一步是导入模型；第二步是通过回转生成转子模型；第三步是拉伸切割和拉伸合并；第四步是进行圆角处理；第五步是精度分析；第六步是模型输出。

1）导入模型

选择菜单中的“插入”→“导入”命令，或直接单击 命令，弹出如图 6-59 所示的“导入”对话框，选择“喇叭.stl”文件，单击“仅导入”按钮。导入后的喇叭模型如图 6-60 所示。

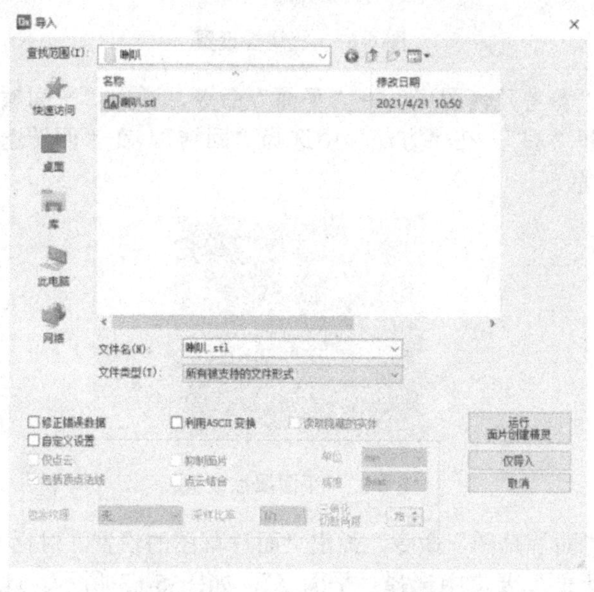

图 6-59 “导入”对话框

图 6-60　导入后的喇叭模型

2）回转生成转子模型

选择“模型”→“参考几何图形”→“线”命令，弹出“线属性”对话框，在“输入选项”要素中选择“位置&方向”，“位置”中的“X,Y,Z”值为“0mm”，“方向”中的“X,Y”值为“0”，“Z”值为“1”，如图 6-61 所示。

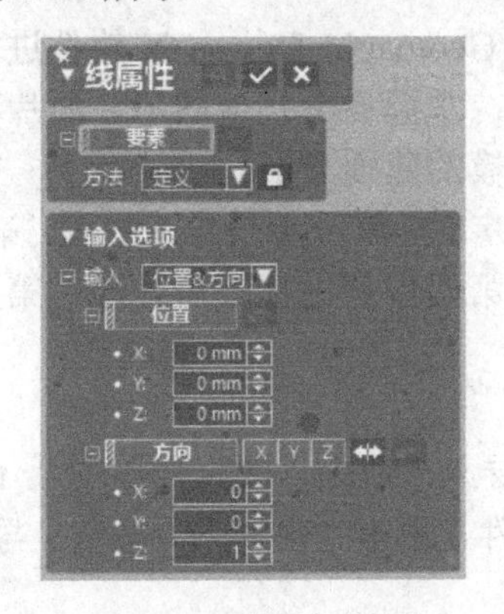

图 6-61　线属性设置

选择“模型”→“参考几何图形”→“平面”命令，弹出“平面属性”对话框，在“要素”中选择“线 2”和“右”，在“方法”中选择“回转”，在“回转选项”中“角度”值为“38°”，如图 6-62 所示。

图 6-62　平面属性设置

选择“草图”→“面片草图”命令，弹出“面片草图的设置”对话框，选择“平面投影”单选按钮，在“基准平面”要素中选择“平面 2”，如图 6-63 所示。此处基准平面选取的是根据模型特征定义的新基准平面。

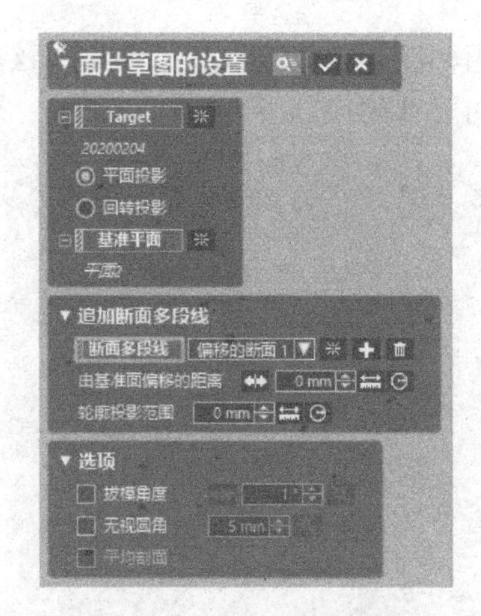

图 6-63　面片草图设置

由于转子是回转体模型，所以需选择多个偏移角度的断面，才能够正确地表达模型的截面特征。在“追加断面多段线”的“断面多段线”要素中选择“偏移的断面 1”，调整基准面偏移距离，根据模型特征选取表达模型截面特征的一组断面多段线，如图 6-64 所示。

图 6-64　选取一组断面多段线

单击视窗左下方“面片”的显示图标，将面片模型隐藏后获取的断面多段线如图 6-65 所示。通过添加草图要素之间的几何约束关系和尺寸约束，进一步绘制拟合的回转特征草图。

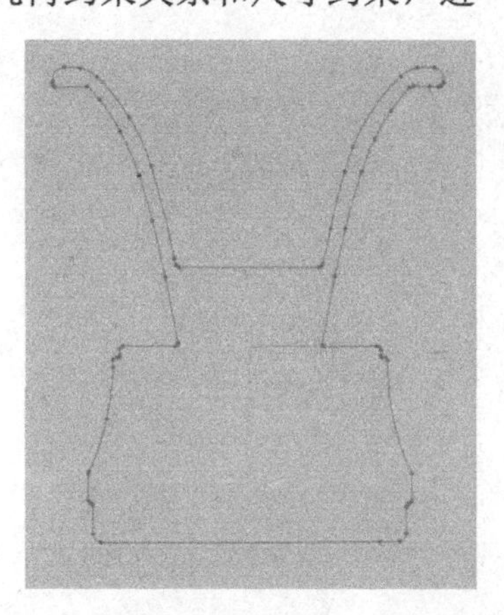
图 6-65　面片模型隐藏后获取的断面多段线

拟合得到的回转体特征草图如图 6-66 所示。在绘制截面线草图时，需要添加要素之间的几何约束关系，同时也可以添加尺寸约束。

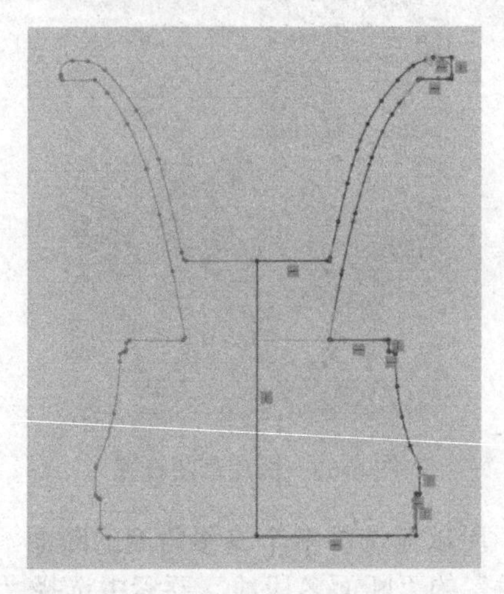

图 6-66　拟合得到的回转体特征草图

草图绘制完成后创建回转体实体模型。本实例模型的“基准草图”选择图 6-66 中的回转体特征草图。具体操作步骤为选择“模型”→“创建实体”→“回转”命令，弹出如图 6-67 所示的“回转”对话框。“轴”选择“圆柱”，单击“确定”按钮，获取回转生成的转子实体模型如图 6-68 所示。

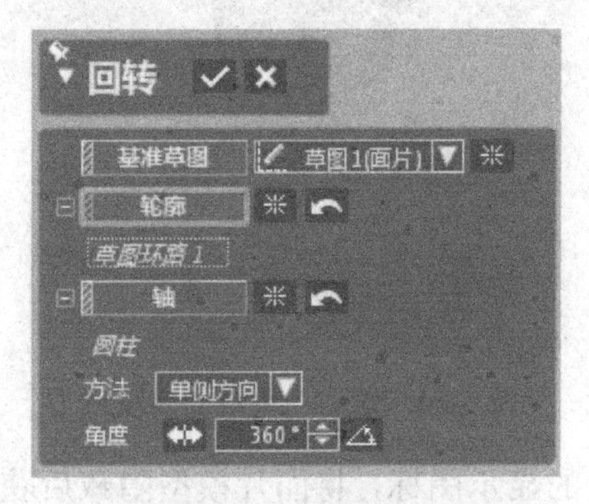

图 6-67 “回转”对话框

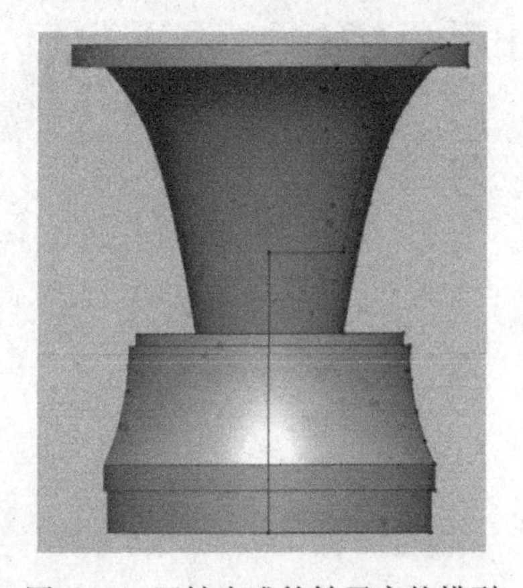

图 6-68　回转生成的转子实体模型

3）拉伸切割和拉伸合并

该产品的整体部分已经通过回转生成，现在我们需要根据产品的模型数据，把剩余特征部分通过草图绘制进行切割、合并，从而进一步完善产品模型。具体操作过程如下。

选择“模型”→“参考几何图形”→“平面”命令，弹出“平面属性”对话框，在“要素”中选择“前”，在“方法”中选择“偏移”，在“偏移选项”中设置“距离”值为“70mm”，如图 6-69 所示。

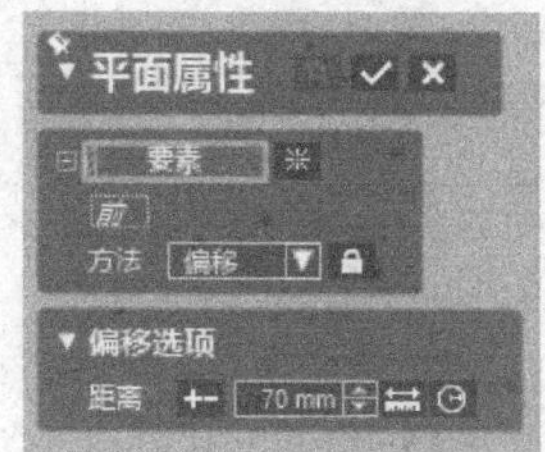

图 6-69　平面属性设置

选择“草图”→“面片草图”命令，弹出“面片草图的设置”对话框，选择“平面投影”单选按钮，在“基准平面”要素中选择“平面 3”，如图 6-70 所示。“追加断面多段线”与步骤（2）一样，距离值不需要修改。

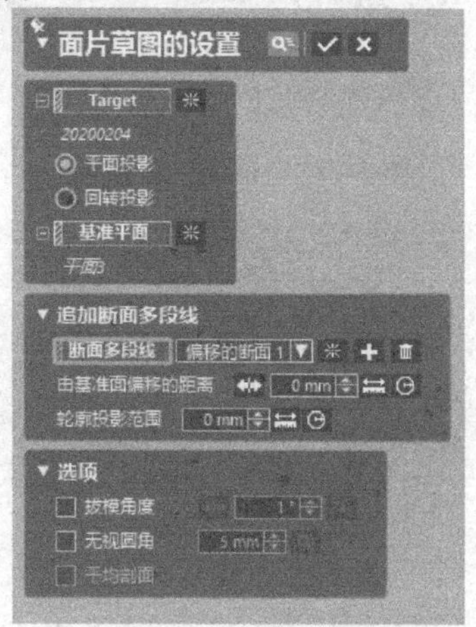

图 6-70　“面片草图的设置”对话框

单击视窗左下方“面片”的显示图标，将面片模型隐藏，通过添加草图要素之间的几何约束关系和尺寸约束，进一步绘制特征草图。绘制的特征草图如图 6-71 所示。

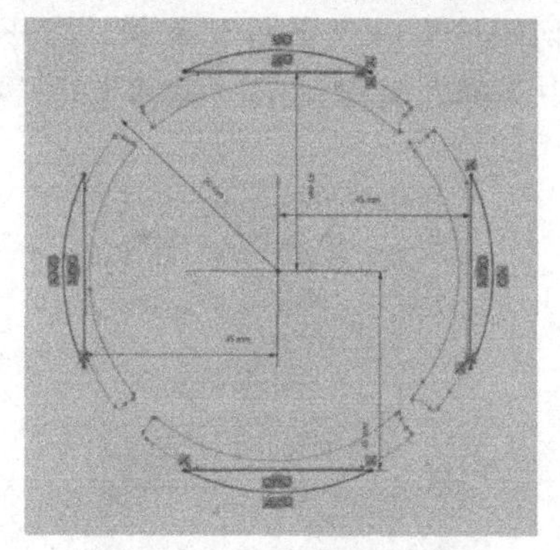

图 6-71　绘制的特征草图

草图绘制完成后创建回转体实体模型。选择“模型”→“创建实体”→“拉伸”命令，“轮廓”要素中选择图 6-71 中绘制的特征草图，“方向”要素中选择“距离”，长度值输入合适的值。因为要进行反方向操作，故需要在“反方向”方框中打勾，在“反方向”要素中选择“距离”，长度值输入合适的值。在“结果运算”要素中勾选“切割”复选框，“拉伸”对话框如图 6-72 所示。单击“确定”按钮，获取拉伸切割后生成的模型如图 6-73 所示。

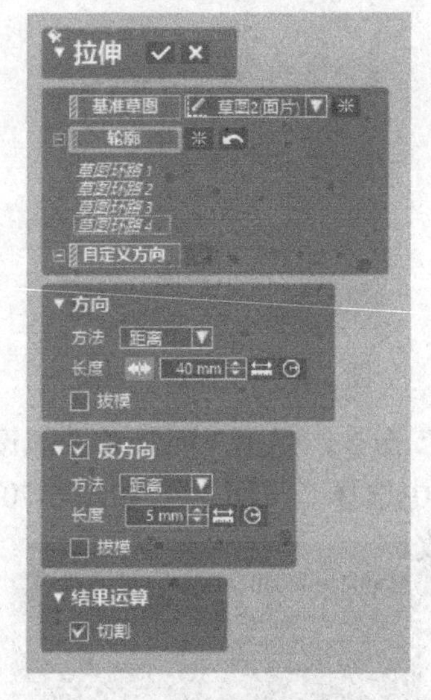

图 6-72 “拉伸”对话框

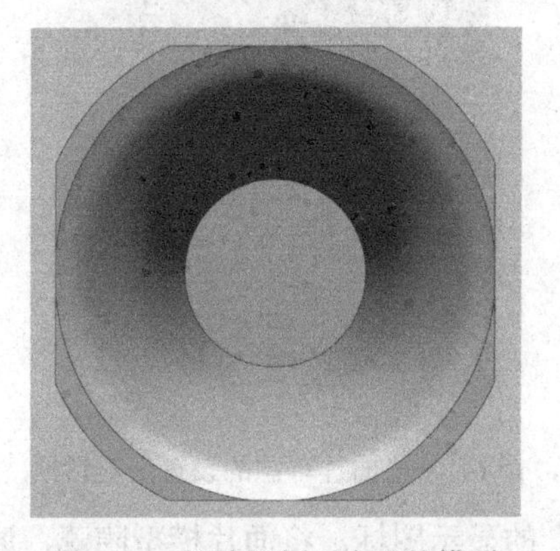

图 6-73 拉伸切割后生成的模型

选择“模型”→“参考几何图形”→“平面”命令，打开“平面属性”对话框，在“要素”中选择“前”，在“方法”中选择“偏移”，在“偏移选项”中设置“距离”值为“69mm”，如图 6-74 所示。

图 6-74 平面属性设置

选择“草图”→“面片草图”命令，弹出“面片草图的设置”对话框，选择“平面投影”单选按钮，在基准平面要素中选择“平面 4”，如图 6-75 所示。

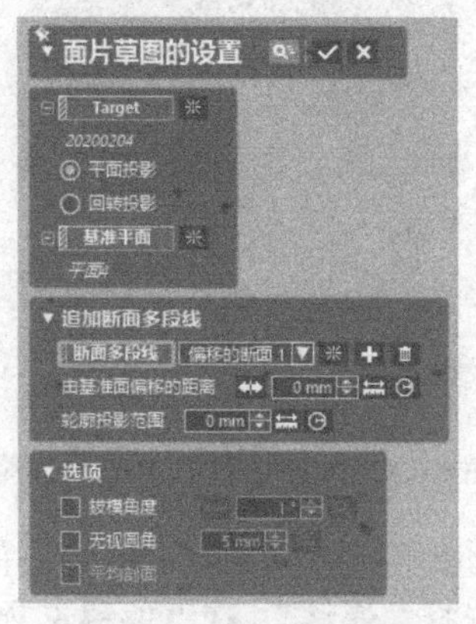

图 6-75　面片草图设置

单击视窗左下方“面片”的显示图标，将面片模型隐藏，通过添加草图要素之间的几何约束关系和尺寸约束，进一步绘制特征草图。绘制的特征草图如图 6-76 所示。在绘制截面线草图时，需要添加要素之间的几何约束关系，同时也可以添加尺寸约束。

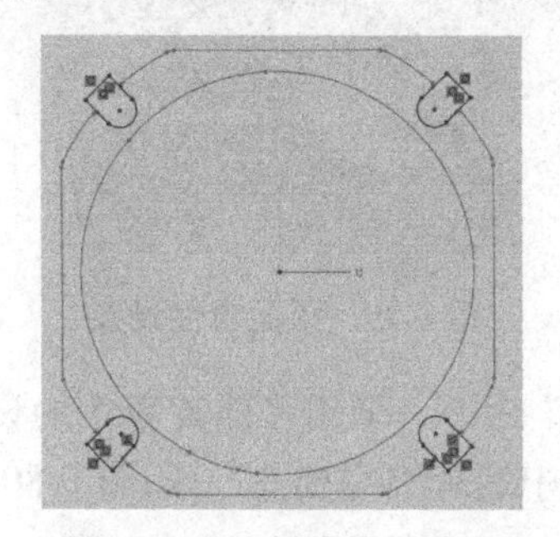

图 6-76　绘制的特征草图

草图绘制完成后创建回转体实体模型。选择“模型”→“创建实体”→“拉伸”命令，在“轮廓”要素中选择图 6-76 中绘制的特征草图，在“方向”要素中选择“距离”，长度值输入合适的值。在“结果运算”要素中选择“切割”，“拉伸”对话框如图 6-77 所示。然后单击确定按钮，获取拉伸切割后生成的模型如图 6-78 所示。

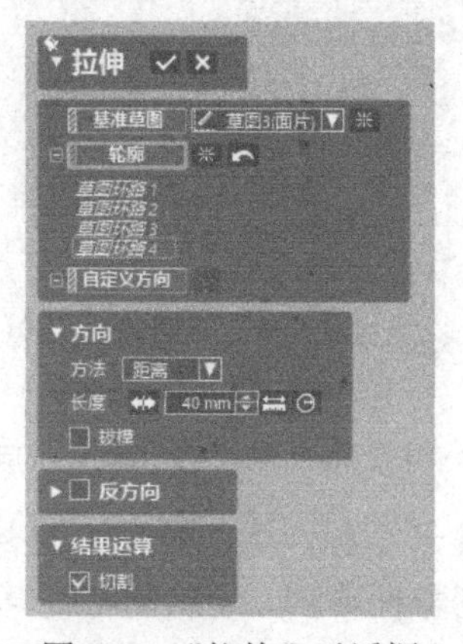

图 6-77　“拉伸”对话框

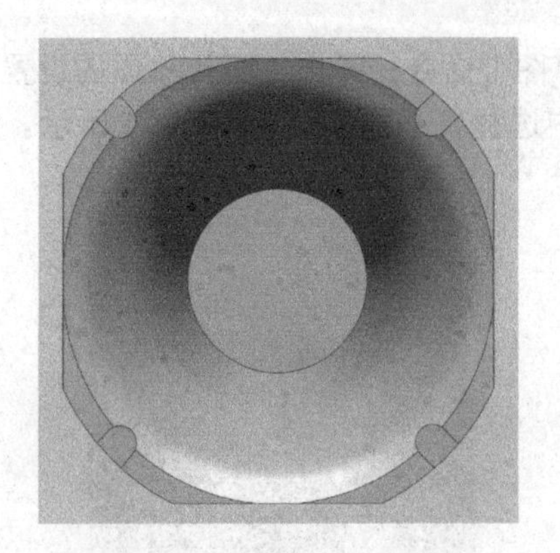

图 6-78　拉伸切割后生成的模型

选择“模型”→“参考几何图形”→“平面”命令，弹出“平面属性”对话框，在“要素”中选择“前”，在“方法”中选择“偏移”，在“偏移选项”中设置“距离”值为“68mm”，如图 6-79 所示。

图 6-79　平面属性设置

选择“草图”→“面片草图”命令，弹出“面片草图的设置”对话框，选择“平面投影”单选按钮，在“基准平面”要素中选择“平面 5”，如图 6-80 所示。“追加断面多段线”的距离值不需要修改。

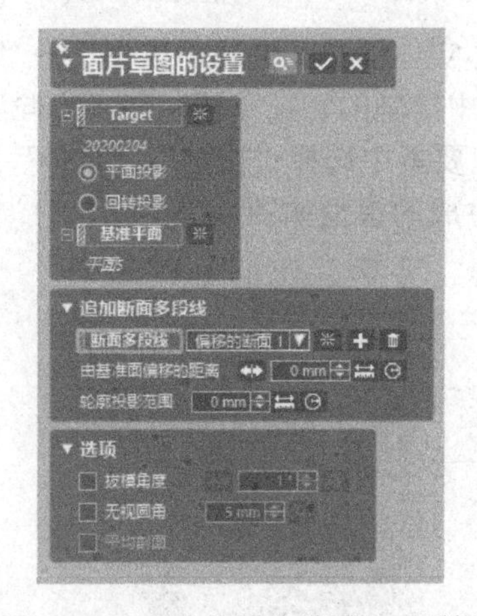

图 6-80　“面片草图的设置”对话框

单击视窗左下方“面片”的显示图标，将面片模型隐藏，通过添加草图要素之间的几何约束关系和尺寸约束，进一步绘制特征草图。绘制的特征草图如图 6-81 所示。在绘制截面线草图时，需要添加要素之间的几何约束关系，同时也可以添加尺寸约束。

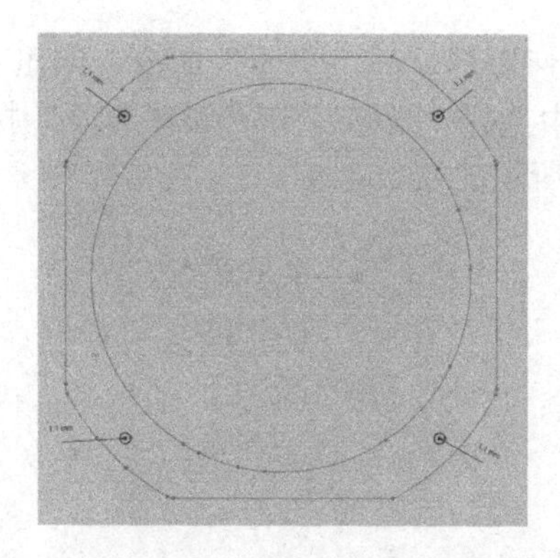

图 6-81　绘制的特征草图

草图绘制完成后创建回转体实体模型。选择“模型”→“创建实体”→“拉伸”命令，“拉伸”对话框如图 6-82 所示。在“轮廓”要素中选择图 6-81 绘制的特征草图，在“方向”要素中选择“距离”，长度值输入合适的值。因为要进行反方向操作，故需要在“反方向”复选框中打勾，在“方法”中选择“距离”，长度值输入合适的值。在“结果运算”要素中选择“切割”复选框，然后单击“确定”按钮，获取拉伸切割后生成的模型如图 6-83 所示。

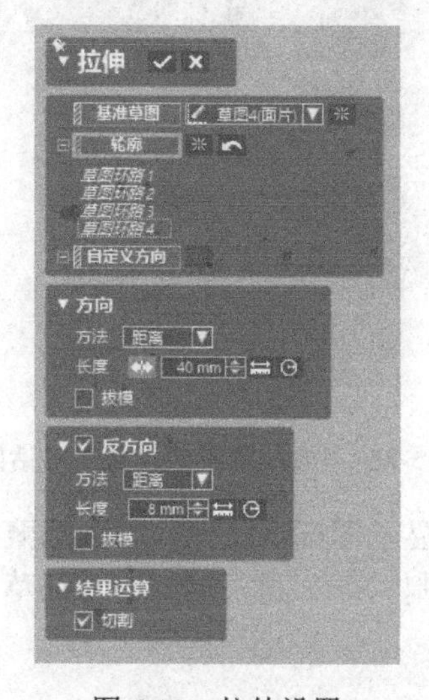

图 6-82　拉伸设置

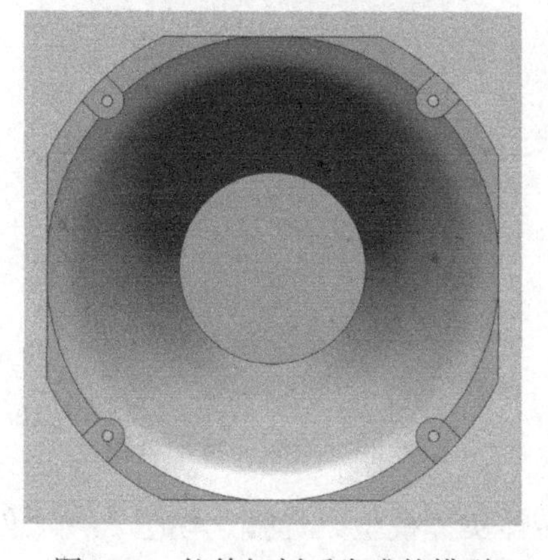

图 6-83　拉伸切割后生成的模型

选择“模型”→“参考几何图形”→“平面”命令，弹出“平面属性”对话框，在“要素”中选择“前”，在“方法”中选择“偏移”，在“偏移选项”中设置“距离”值为“-49mm”，“平面属性”对话框如图 6-84 所示。

图 6-84 “平面属性”对话框

选择“草图”→“面片草图”命令，弹出“面片草图的设置”对话框，选择“平面投影”，在基准平面要素中选择“平面 6”，如图 6-85 所示。

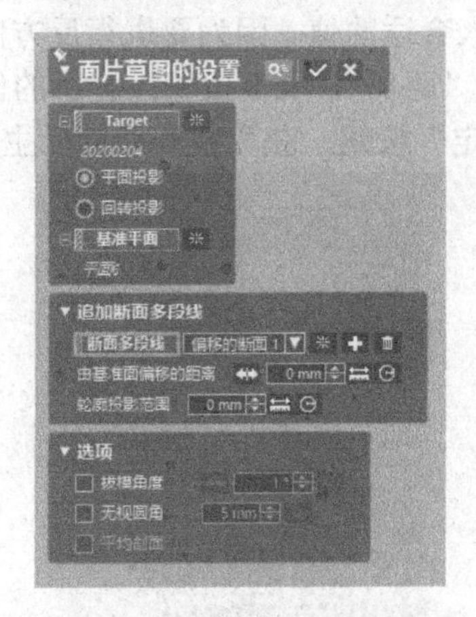

图 6-85 “面片草图的设置”对话框

单击视窗左下方“面片”的显示图标，将面片模型隐藏，通过添加草图要素之间的几何约束关系和尺寸约束，进一步绘制特征草图。绘制的特征草图如图 6-86 所示。

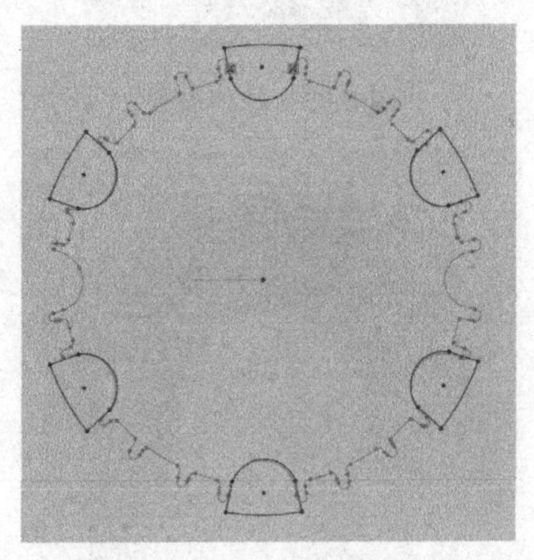

图 6-86 绘制的特征草图

草图绘制完成后创建回转体实体模型。选择“模型”→“创建实体”→“拉伸”命令，在“轮廓”要素中选择图 6-86 绘制的特征草图，在“方向”要素中选择“距离”，长度值输入合适的值。在“结果运算”要素中选择“切割”复选框，“拉伸”对话框如图 6-87 所示。单击“确定”按钮，获取拉伸切割后生成的模型如图 6-88 所示。

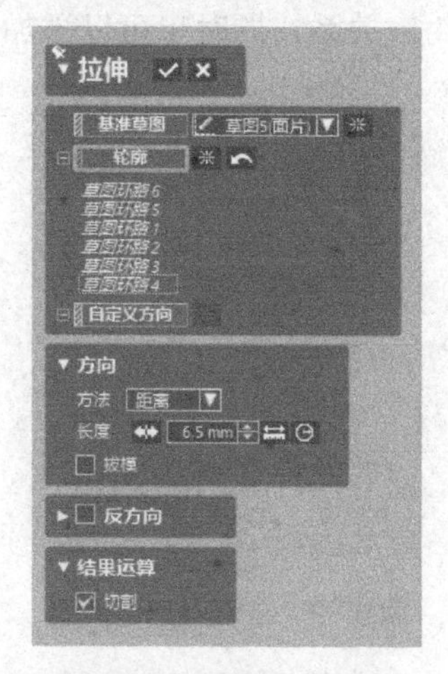

图 6-87 “拉伸”对话框

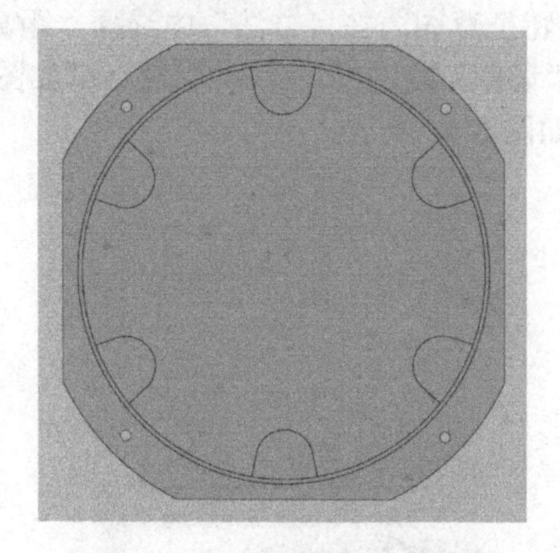

图 6-88 拉伸切割后生成的模型

选择“草图”→“面片草图”命令，弹出“面片草图的设置”对话框，选择“平面投影”单选按钮，在“基准平面”要素中选择“平面 6”，如图 6-89 所示。

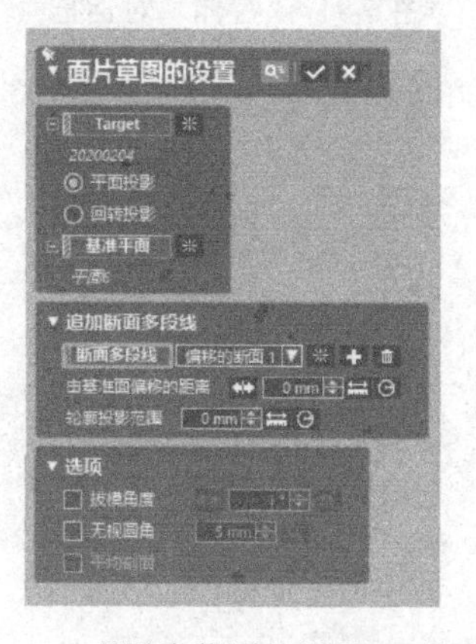

图 6-89 “面片草图的设置”对话框

单击视窗左下方“面片”的显示图标，将面片模型隐藏，通过添加草图要素之间的几何约束关系和尺寸约束，进一步绘制特征草图。绘制的特征草图如图 6-90 所示。在绘制截面线草图时，需添加要素之间的几何约束关系，同时也可以添加尺寸约束。

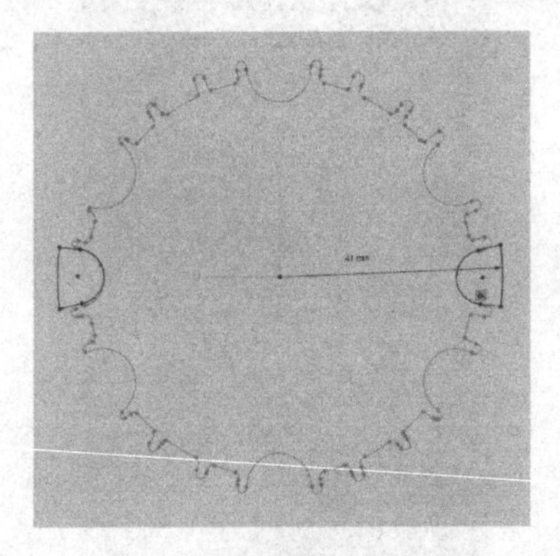

图 6-90　绘制的特征草图

草图绘制完成后创建实体模型。选择“模型”→“创建实体”→“拉伸”命令，在“轮廓”要素中选择图 6-90 中的特征草图，在“方法”中选择“距离”，长度值输入合适的值。在“结果运算”要素中选择“切割”复选框，“拉伸”对话框如图 6-91 所示。单击确定按钮，获取拉伸切割后生成的模型如图 6-92 所示。

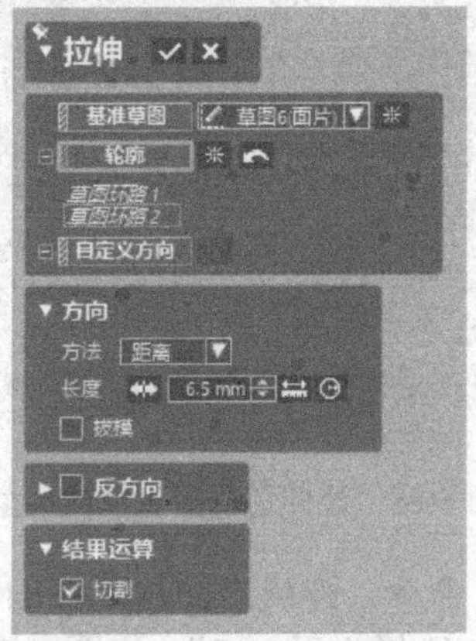

图 6-91　“拉伸”对话框

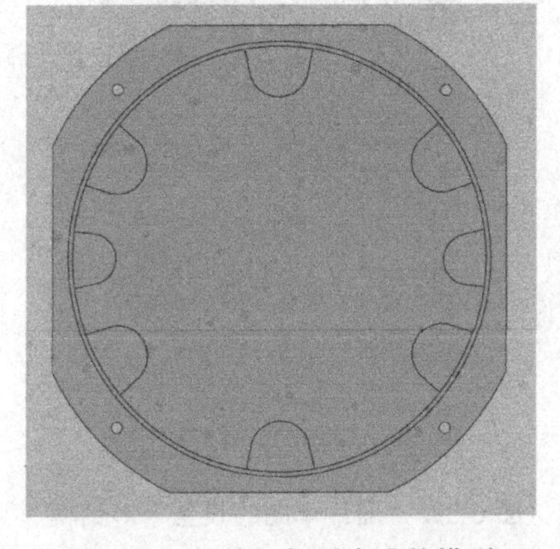

图 6-92　拉伸切割后生成的模型

选择“草图”→“面片草图”命令，弹出“面片草图的设置”对话框，选择“平面投影”单选按钮，在“基准平面”要素中选择“平面 6”，如图 6-93 所示。“追加断面多段线”距离值不需要修改。

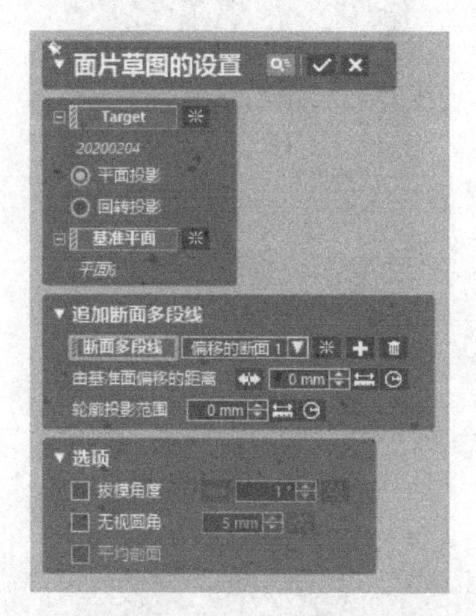

图 6-93 “面片草图的设置”对话框

单击视窗左下方“面片”的显示图标，将面片模型隐藏，通过添加草图要素之间的几何约束关系和尺寸约束，进一步绘制特征草图。绘制的特征草图如图 6-94 所示。

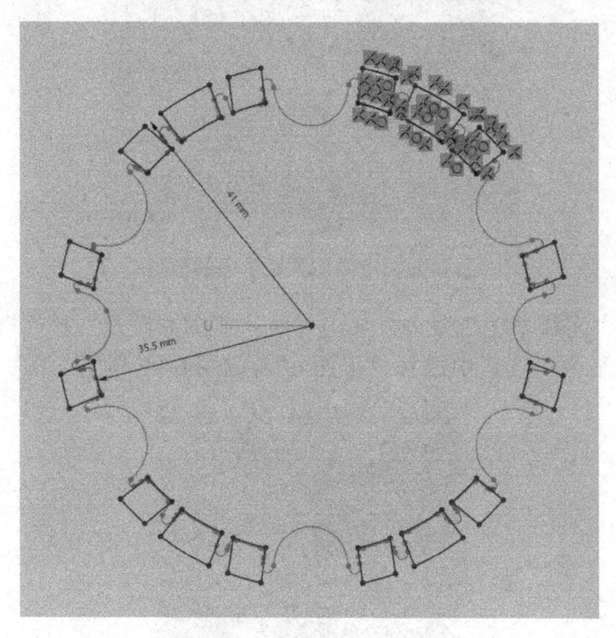

图 6-94 绘制的特征草图

草图绘制完成后创建实体模型。选择“模型”→“创建实体”→“拉伸”命令，“轮廓”要素中选择图 6-94 中的特征草图，“方向”要素中选择“距离”长度值，并输入合适的值。在“结果运算”要素中选择“切割”复选框，拉伸设置过程如图 6-95 所示。单击“确定”按钮，获取拉伸切割后生成的模型如图 6-96 所示。

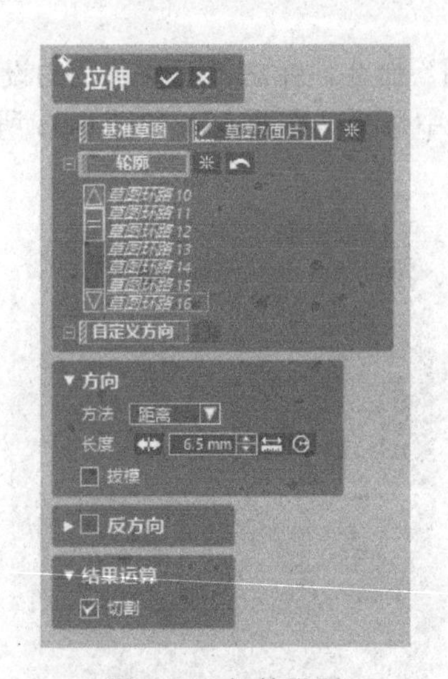

图 6-95　拉伸设置

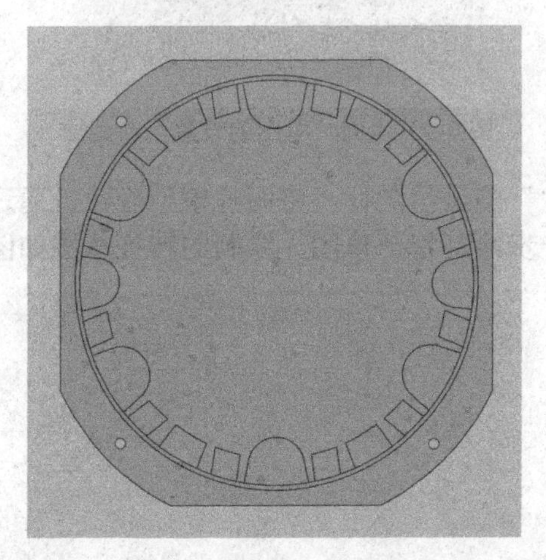

图 6-96　拉伸切割后生成的模型

选择“草图”→“面片草图”命令，弹出“面片草图的设置”对话框，选择“平面投影”单选按钮，在“基准平面”要素中选择“平面 6”，如图 6-97 所示。

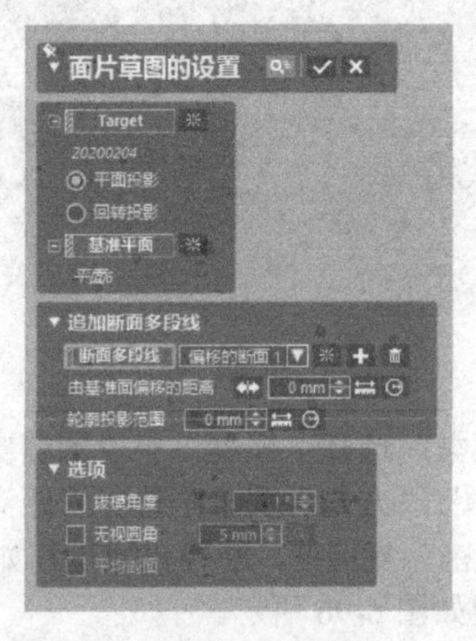

图 6-97　“面片草图的设置”对话框

单击视窗左下方“面片”的显示图标，将面片模型隐藏，通过添加草图要素之间的几何约束关系和尺寸约束，进一步绘制特征草图。绘制的特征草图如图 6-98 所示。

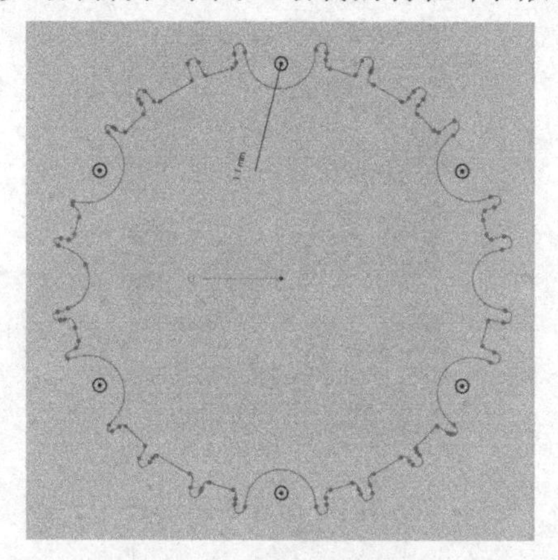

图 6-98　绘制的特征草图

草图绘制完成后创建实体模型。选择“模型”→“创建实体”→“拉伸”命令，“轮廓”要素中选择如图 6-98 所示绘制特征草图，在“方向”要素中选择“距离”长度值，并输入合适的值。在“结果运算”要素中选择“切割”复选框，“拉伸”对话框如图 6-99 所示。单击“确定”按钮，获取拉伸切割后生成的模型如图 6-100 所示。

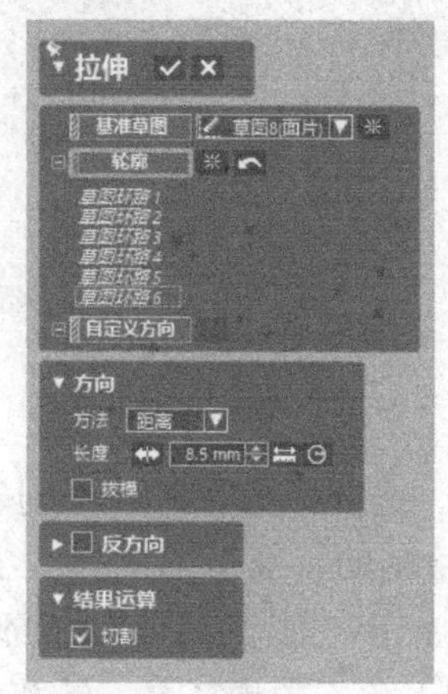

图 6-99 “拉伸”对话框

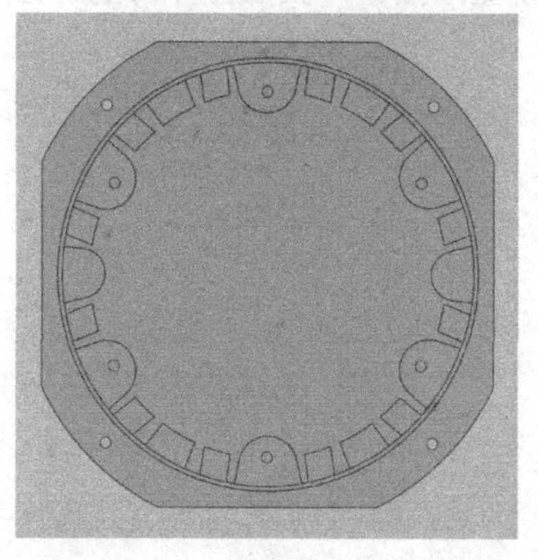

图 6-100　拉伸切割后生成的模型

选择“草图”→“面片草图”命令，弹出“面片草图的设置”对话框，选择“平面投影”单选按钮，在“基准平面”要素中选择“前”，如图 6-101 所示。

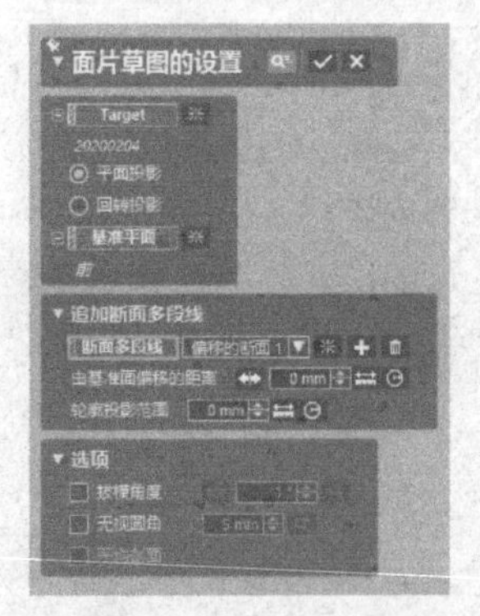

图 6-101　面片草图设置

单击视窗左下方“面片”的显示图标，将面片模型隐藏，通过添加草图要素之间的几何约束关系和尺寸约束，进一步绘制特征草图。绘制的特征草图如图 6-102 所示。

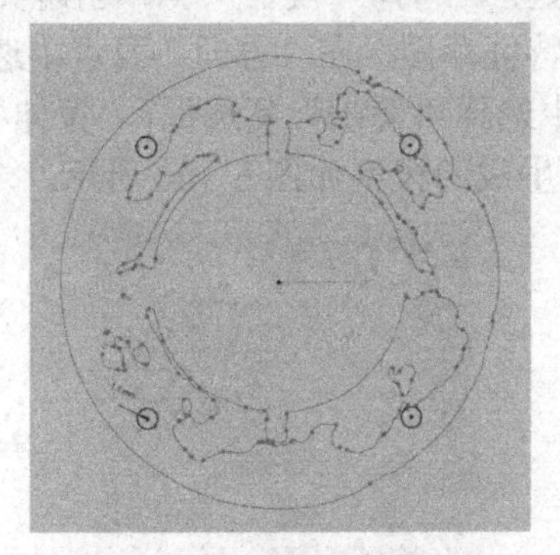

图 6-102　绘制的特征草图

草图绘制完成后创建实体模型。选择“模型”→“创建实体”→“拉伸”命令，在“轮廓”要素中选择如图 6-102 所示的绘制的特征草图，在“方向”要素中选择“距离”，“长度”值输入合适的值。因为进行反方向操作，则需要在“反方向”复选框中打勾，在“方法”中选择“距离”，长度值输入合适的值。在“结果运算”要素中选择“切割”复选框，拉伸设置如图 6-103 所示。然后单击“确定”按钮，获取拉伸切割后生成的模型如图 6-104 所示。

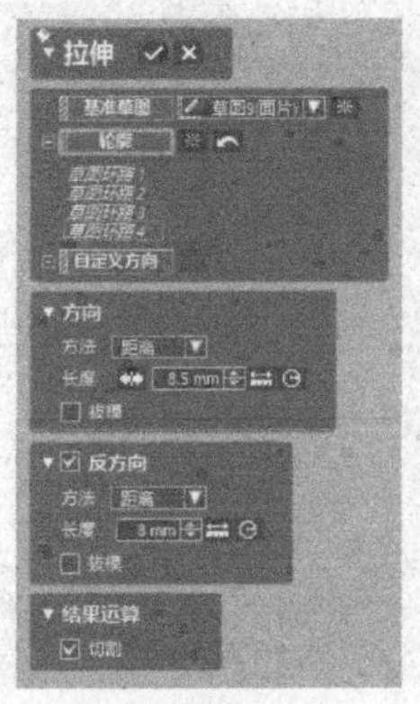

图 6-103　拉伸设置

图 6-104　拉伸切割后生成的模型

选择“草图”→“面片草图”命令，弹出“面片草图的设置”对话框，选择“平面投影”单选按钮，在“基准平面”要素中选择“右”，如图 6-105 所示。

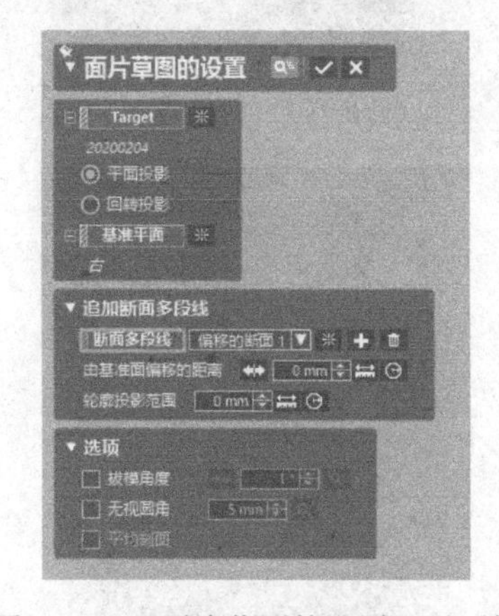

图 6-105　“面片草图的设置”对话框

单击视窗左下方“面片”的显示图标，将面片模型隐藏，通过添加草图要素之间的几何约束关系和尺寸约束，进一步绘制特征草图。绘制的特征草图如图 6-106 所示。

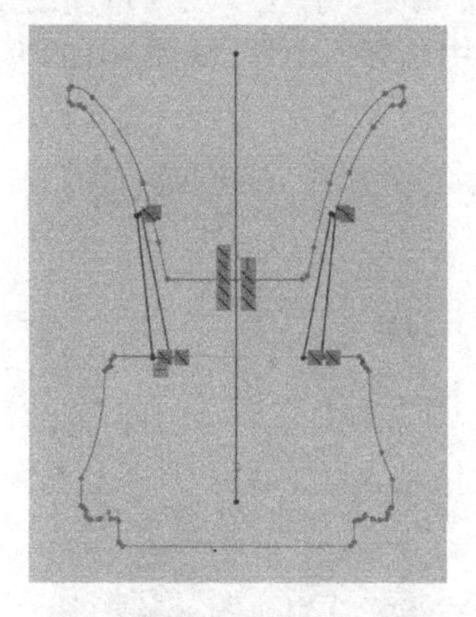

图 6-106　绘制的特征草图

草图绘制完成后创建实体模型。选择“模型”→“创建实体”→“拉伸”命令，在“轮廓”要素中选择如图 6-106 所示的特征草图，“方向”要素中的“方法”选择“距离”，长度值输入合适的值。因为要进行反方向操作，故需要在“反方向”复选框中打个勾，“反方向”要素中的“方法”选择“距离”，长度值输入合适的值。在“结果运算”要素中选择“合并”复选框，拉伸设置如图 6-107 所示。然后单击“确定”按钮，获取拉伸合并后生成的模型如图 6-108 所示。

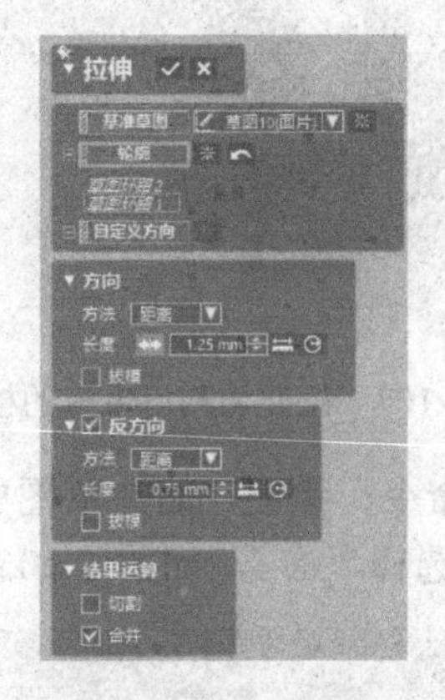

图 6-107　拉伸设置

图 6-108　拉伸合并后生成的模型

选择“草图”→“面片草图”命令，弹出“面片草图的设置”对话框，选择“平面投影”单选按钮，在“基准平面”要素中选择“上”，如图 6-109 所示。“追加断面多段线”距离值不需要修改。

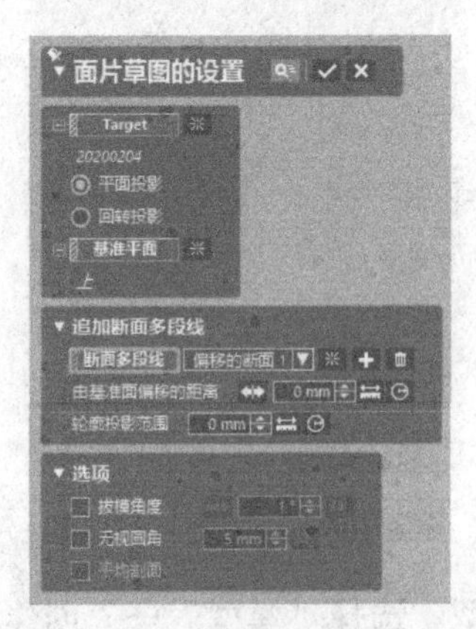

图 6-109　“面片草图的设置”对话框

单击视窗左下方“面片”的显示图标，将面片模型隐藏，通过添加草图要素之间的几何约束关系和尺寸约束，进一步绘制特征草图。绘制的特征草图如图 6-110 所示。在绘制截面线草图时，需要添加要素之间的几何约束关系，同时也可以添加尺寸约束。

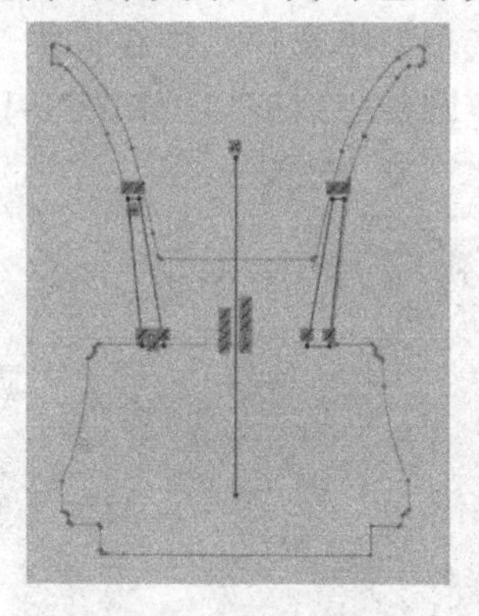

图 6-110　绘制的特征草图

草图绘制完成后创建实体模型。选择“模型”→“创建实体”→“拉伸”命令，在“轮廓”要素中选如图 6-110 所示的特征草图，“方向”要素中的“方法”选择“距离”，长度值输入合适的值。因为要进行“反方向”操作，故需要选中“反方向”复选框，“反方向”要素中的“方法”选择“距离”，长度值输入合适的值。在“结果运算”要素中选择“合并”复选框，拉伸设置如图 6-111 所示。然后单击“确定”按钮，获取拉伸合并后生成的模型如图 6-112 所示。

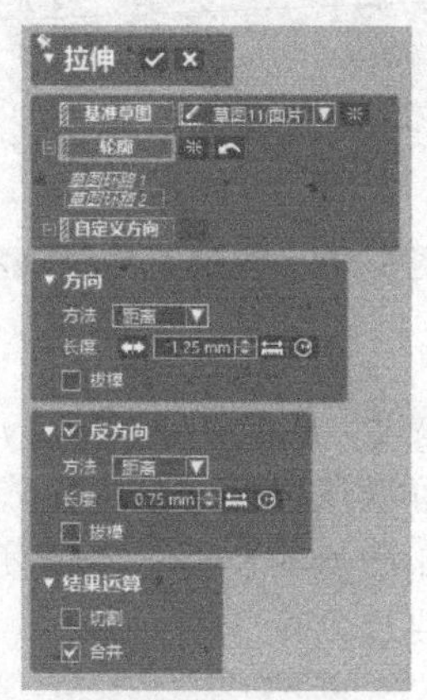

图 6-111　拉伸设置

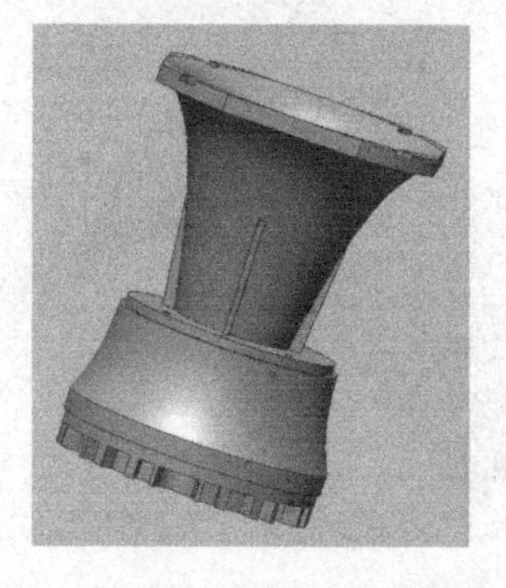

图 6-112　拉伸合并后生成的模型

4）圆角处理

待模型主体全部逆向完毕，选择“模型”→“编辑”→“圆角”命令，弹出“圆角”对话框，选择“固定圆角”单选按钮，在“圆角要素设置”中选择所需要倒圆角的边，在“半径”要素中输入合适的值，在“选项”中选择“切线扩张”复选框，圆角设置如图 6-113 所示。然后单击“确定”按钮，获取圆角生成的模型如图 6-114 所示。

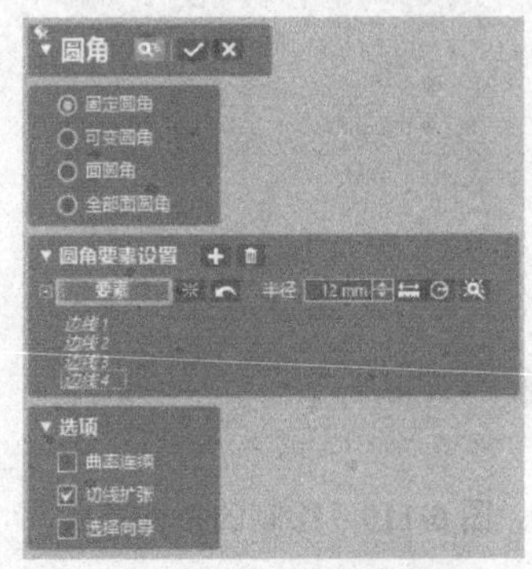

图 6-113　圆角设置

图 6-114　圆角生成的模型

5）精度分析

在建模过程中，为了检验建模精度，应利用 Accuracy Analyzer（TM）精度分析功能对模型进行偏差分析。精度分析过程既可以在建模过程中完成，也可以在建模完成后进行统一的精度分析。建模完成后的精度分析如图 6-115 所示。精度分析偏差大的部分依然可以对模型特征进行修改，直至精度分析符合要求为止。

图 6-115　建模完成后的精度分析

6）模型输出

选择“菜单”→“文件”→“输出”命令，弹出“输出”对话框，在“要素”选项中框选整个模型，然后单击确认按钮，再选择文件的保存位置，并将文件保存为“*.stp”格式。

6.2.2.2　正向创新设计过程

利用上一节逆向建模获得喇叭状数据模型进行灯罩产品的正向创新设计，具体的正向创新设计过程如下。

1）导入模型

选择菜单中的“插入”→“导入”命令，或直接单击命令，弹出如图 6-116 所示的“导入”对话框，选择“喇叭.stp”文件，单击“仅导入”按钮。导入的喇叭模型如图 6-117 所示。

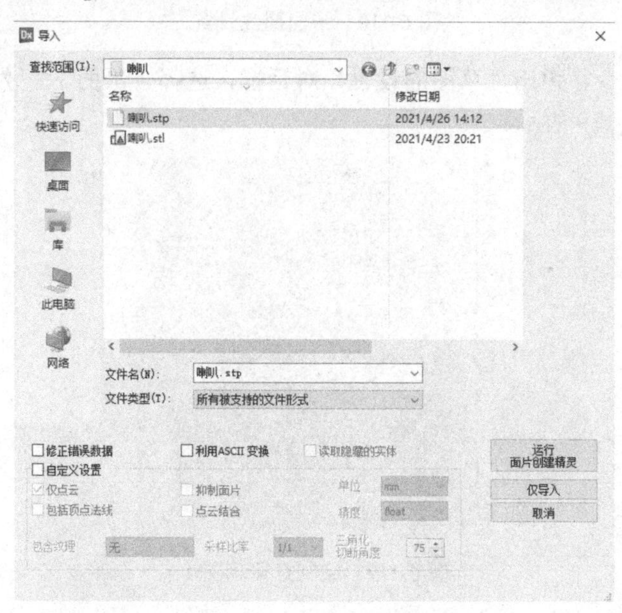

图 6-116　“导入”对话框

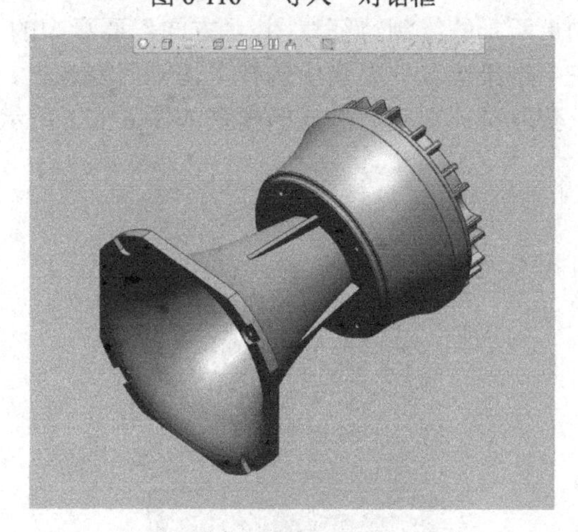

图 6-117　导入的喇叭模型

2）模型的设计

选择“模型”→“参考几何图形”→“平面”命令，弹出“平面属性”对话框，在“要素”中选择“前”，在“方法”中选择“偏移”，设置“偏移选项”中的“距离”值为“-10.35mm”，平面属性设置如图 6-118 所示。

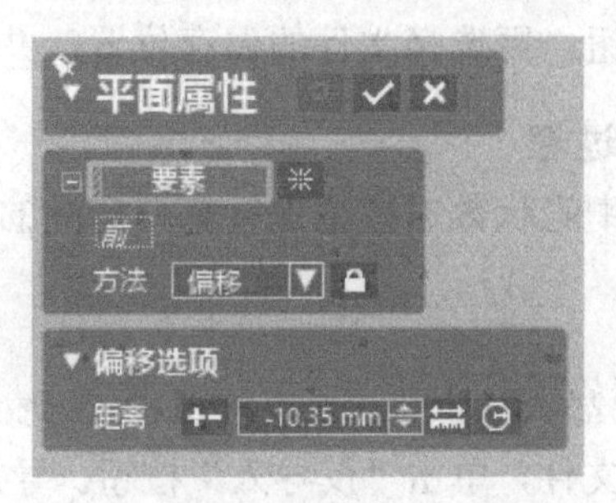

图 6-118　平面属性设置

选择“草图”命令，弹出“草图的设置”对话框，选择“平面 1”，然后根据灯罩设计进行草图绘制，如图 6-119 所示。

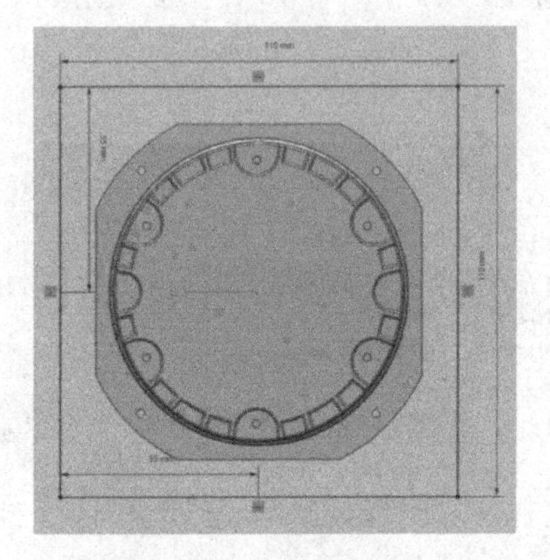

图 6-119　绘制灯罩草图 1

草图绘制完成后创建实体模型。选择“模型”→“创建实体”→“拉伸”命令，在“轮廓”要素中选择如图 6-119 所示的绘制特征草图，“方向”要素中的“方法”选择“距离”，长度值输入合适的值。在“结果运算”要素中选择“切割”复选框，拉伸设置如图 6-120 所示。然后单击确定按钮，获取拉伸切割后生成的模型如图 6-121 所示。

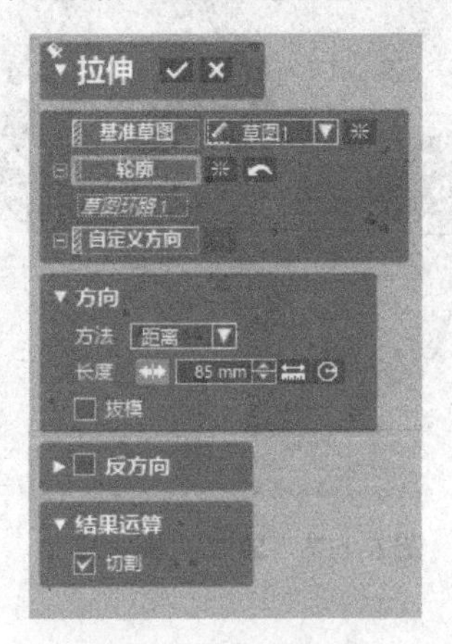

图 6-120　拉伸设置

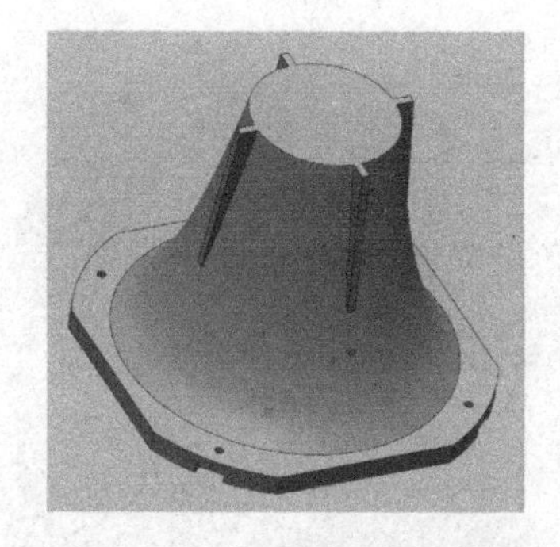

图 6-121　拉伸切割后生成的模型

选择“草图”命令，弹出“草图的设置”对话框，选择“平面 1”，然后根据灯罩设计进行草图绘制，如图 6-122 所示。

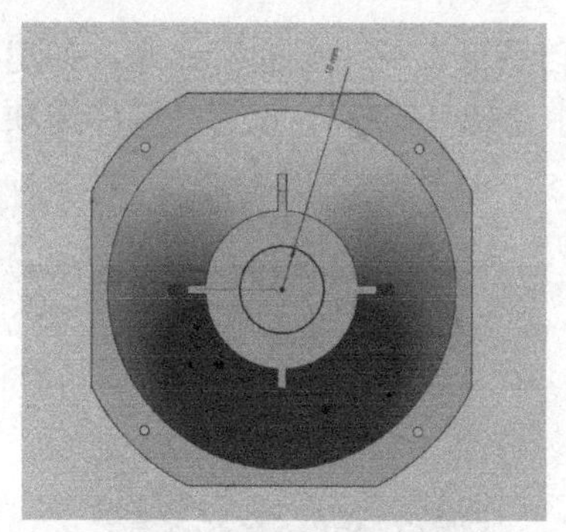

图 6-122　绘制灯罩草图 2

草图绘制完成后创建实体模型。选择“模型”→“创建实体”→“拉伸”命令，在“轮廓”要素中选择如图 6-122 所示的绘制草图，“方向”要素中的“方法”选择“距离”，长度值输入合适的值。因为进行反方向操作，故需要勾选“反方向”复选框，“反方向”要素中的“方法”选择“距离”，长度值输入合适的值。在“结果运算”要素中选择“切割”复选框，拉伸设置如图 6-123 所示。然后单击“确定”按钮，获取拉伸切割后生成的模型如图 6-124 所示。

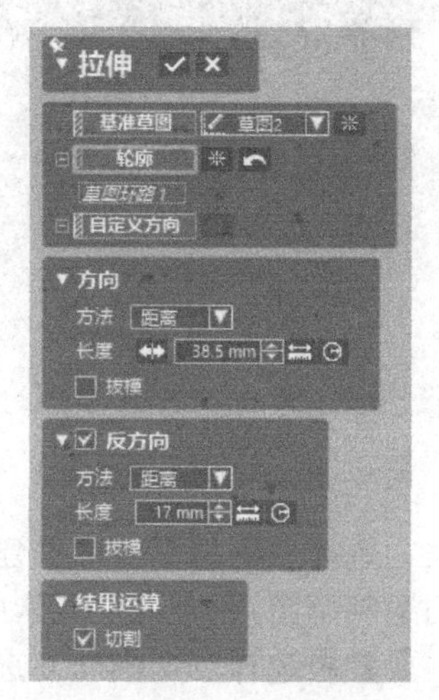

图 6-123　拉伸设置

图 6-124　拉伸切割后生成的模型

选择“模型”→“参考几何图形”→“平面”命令，弹出“平面属性”对话框，在“要素”中选择“前”，在“方法”中选择“偏移”，设置“偏移选项”中的“距离”值为“10mm”，平面属性设置如图 6-125 所示。

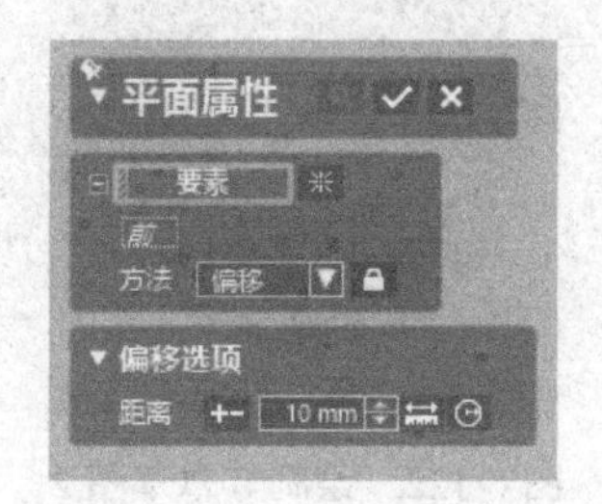

图 6-125　平面属性设置

选择“草图”命令，弹出“草图的设置”对话框，选择“平面 2”，然后根据灯罩设计进行草图绘制，如图 6-126 所示。

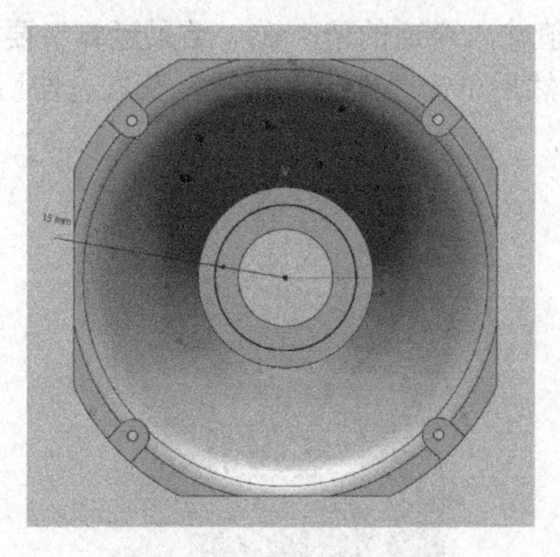

图 6-126　绘制灯罩草图 3

草图绘制完成后创建实体模型。选择“模型”→“创建实体”→“拉伸”命令，在“轮廓”要素中选择如图 6-126 所示的绘制草图，“方向”要素中的“方法”选择“距离”，长度值输入合适的值。在“结果运算”要素中选择“切割”复选框，拉伸设置如图 6-127 所示。然后单击确定按钮，获取拉伸切割后生成的模型如图 6-128 所示。

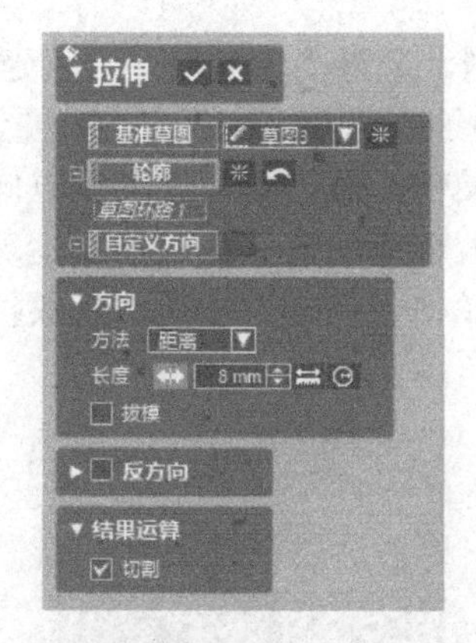

图 6-127　拉伸设置

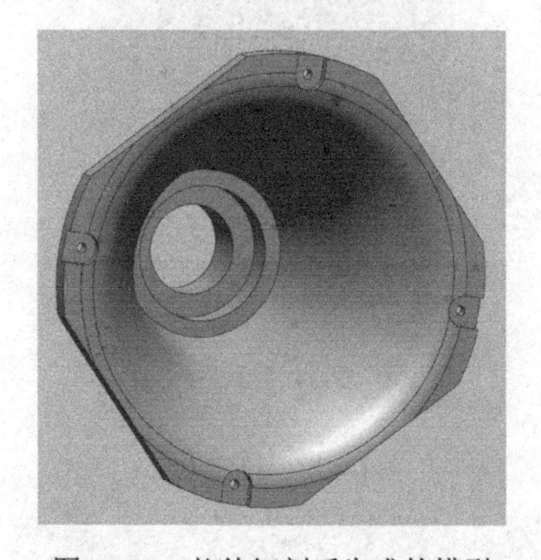

图 6-128　拉伸切割后生成的模型

选择“草图”命令，弹出“草图的设置”对话框，选择“平面上”，然后根据灯罩设计进行草图绘制，绘制的草图如图 6-129 所示。

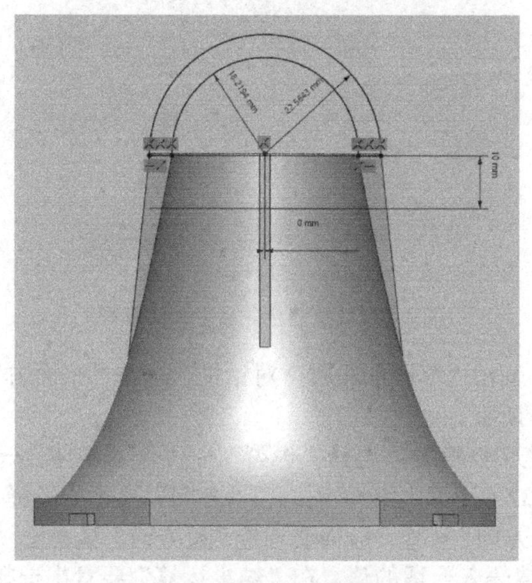

图 6-129　绘制灯罩草图 4

草图绘制完成后创建实体模型。选择“模型”→“创建实体”→“拉伸”命令，在“轮廓”要素中选择如图 6-129 所示的绘制草图，在“方向”要素中选择“距离”，长度值输入合适的值。因为要进行“反方向”操作，故需要勾选“反方向”复选框，“反方向”要素中的“方法”选择“距离”，长度值输入合适的值。在“结果运算”要素中选择“合并”复选框，拉伸设置如图 6-130 所示。然后单击“确定”按钮，获取拉伸合并后生成的模型如图 6-131 所示。

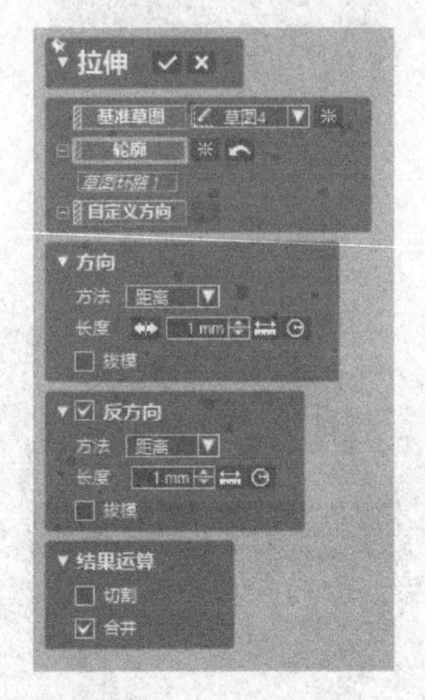

图 6-130　拉伸设置

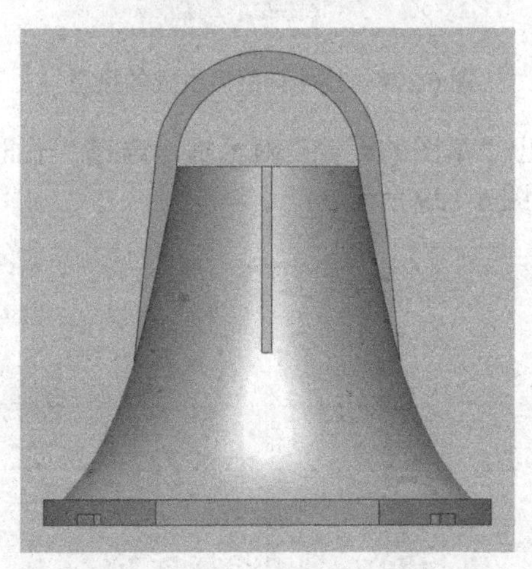

图 6-131　拉伸合并后生成的模型

选择“草图”命令，弹出“草图的设置”对话框，选择“平面右”，然后根据灯罩设计进行草图绘制，如图 6-132 所示。

草图绘制完成后创建实体模型。选择“模型”→“创建实体”→“拉伸”命令，在“轮廓”要素中选择如图 6-132 所示的绘制草图，在“方向”要素中选择“距离”，长度值输入合适的值。因为要进行“反方向”操作，故需要勾选“反方向”复选框，“反方向”要素中的“方法”选择“距离”，长度值输入合适的值。在“结果运算”要素中选择“合并”复选框，拉伸设置如图 6-133 所示。然后单击“确定”按钮，获取拉伸合并后生成的模型如图 6-134 所示。

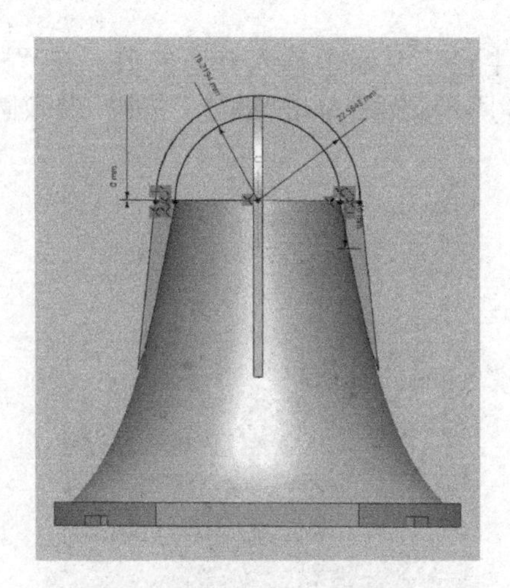

图 6-132　绘制灯罩草图 5

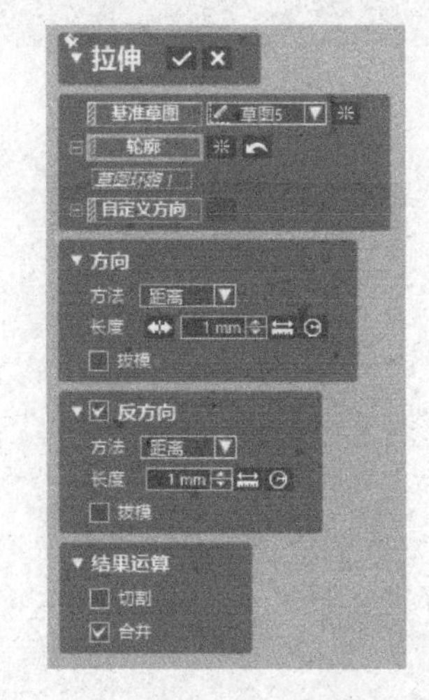

图 6-133　拉伸设置

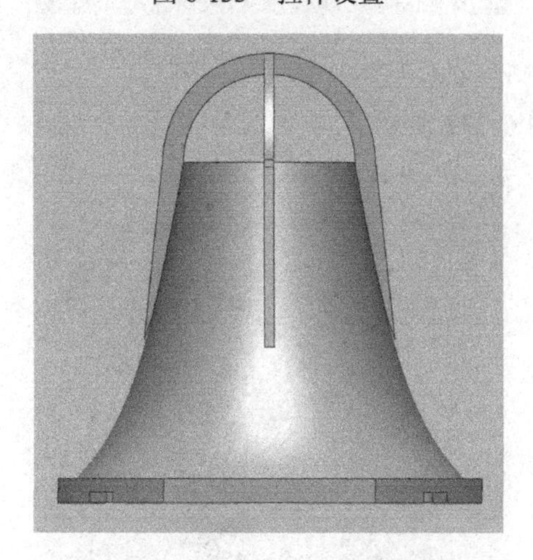

图 6-134　拉伸合并后生成的模型

灯罩主体部分设计完毕后需进行倒圆角操作。选择“模型”→“编辑”→“圆角”命令，弹出“圆角”对话框，在要素中选择“固定圆角”单选按钮，在“圆角要素设置”中选择所需要倒圆角的边和面，在“半径”要素中输入合适的值，在“选项”中选择“切线扩张”复选框，圆角设置如图 6-135 所示。然后单击“确定”按钮，获取圆角后生成的模型如图 6-136 所示。

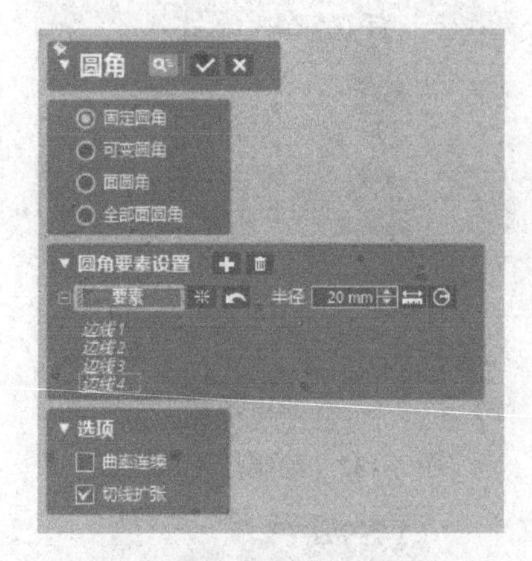

图 6-135　圆角设置

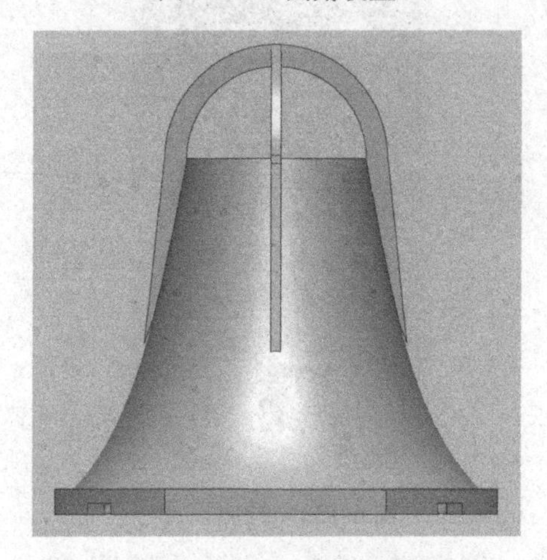

图 6-136　圆角后生成的模型

最后灯罩设计模型如图 6-137 所示。

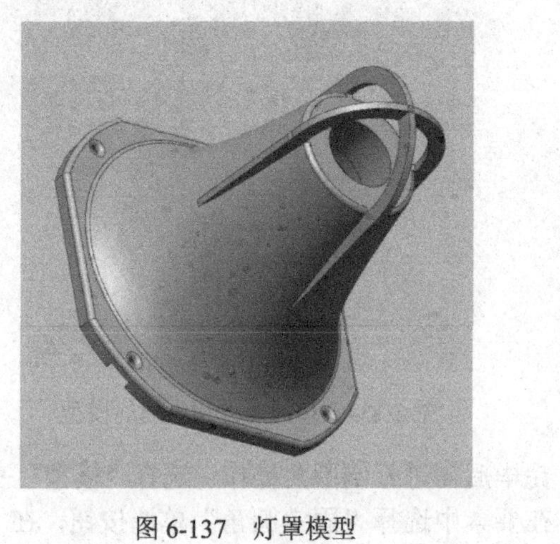

图 6-137　灯罩模型

3）模型输出

选择“菜单”→“文件”→“输出”命令，弹出“输出”对话框，在“要素”选项中框选整个模型，单击“确定”按钮，再选择文件的保存位置并把文件保存为“*.stl”格式。

6.2.3 3D 打印过程

6.2.3.1 切片过程

（1）我们把创新设计的文件导出为 STP 模型，单击“输出”按钮，选择“STP”格式，然后单击保存按钮即可。导出 STP 格式后需要用其他软件（如 CATIA、UG、Creo 等）转换成打印机软件可以识别的 STL 格式才可以继续进行，同时需注意不同的零件需要分开单独保存。

（2）打开 3D 打印软件选择机型，此次打印机型为 “F192”，单击“载入文件”按钮，选择需要打印的模型，然后单击“打开”按钮，模型载入如图 6-138 所示。

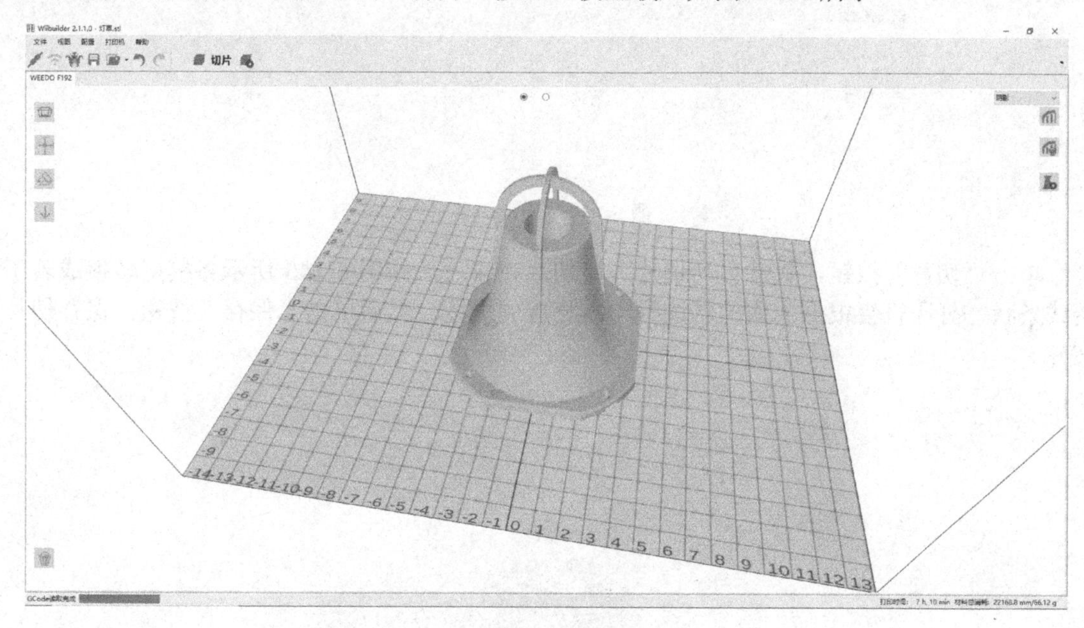

图 6-138 模型载入

（3）单击“切片设置”，打开如图 6-139 所示的“切片设置”对话框，具体设置内容如下：

① 层高设置为 0.15mm；

② 综合速度为默认参数 50mm/s；

③ 填充率设置为 20%；

④ 材料温度默认为 200℃；

⑤ 底板选择“衬垫”，先在平台上打印若干层作为底板，然后再打印模型，使模型有更好的附着性，同时可有效防止翘边；

⑥ 为了避免翘边，开启平台加热，温度一般设置为 40～60℃，默认为 40℃；

⑦ 左材料温度默认为 183℃（在双喷头机器情况下）；

⑧ 材料为 PLA；

⑨ 其他参数默认。

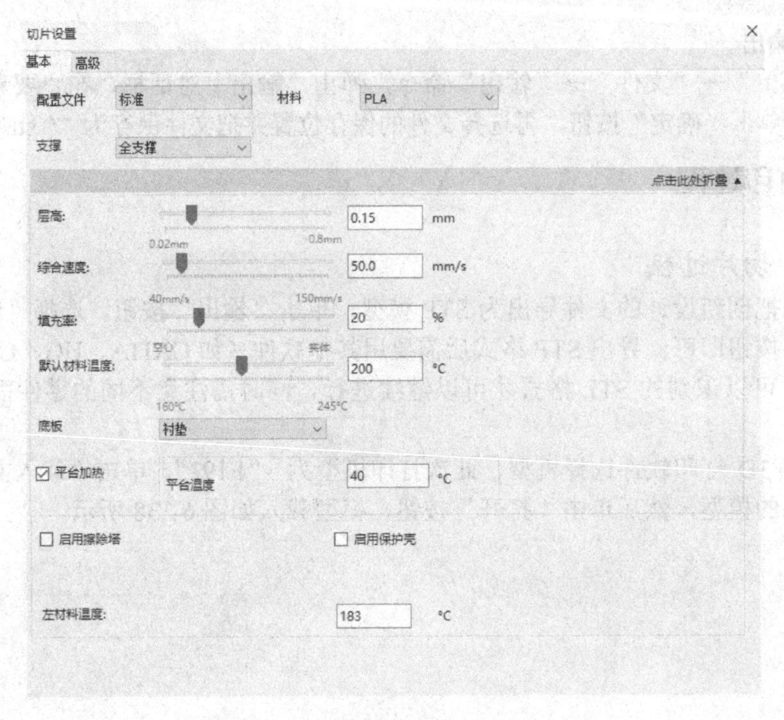

图 6-139　切片设置

单击“切片”按钮，软件自动切片，待切片完成后，如图 6-140 所示将模型转换成若干层线条状，打印机会根据生成的轨迹打印出相应的模型。然后单击“保存”按钮，保存切片文件。

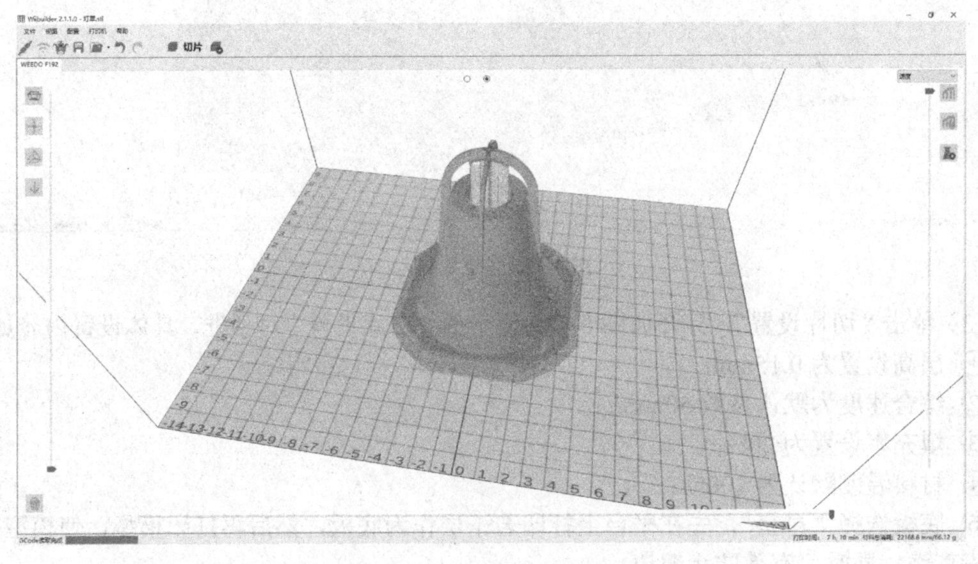

图 6-140　模型转换为线条状

6.2.3.2　打印过程

将保存的切片文件复制到打印机的 SD 卡中，单击“打印”按钮，选择要打印的模型名称，即可开始打印。单击打印前要确保打印机已进料完毕，打印平台调平完毕，使用的 F192

打印机如图 6-44 所示。单击打印后打印机开始工作，打印机界面如图 6-141 所示。

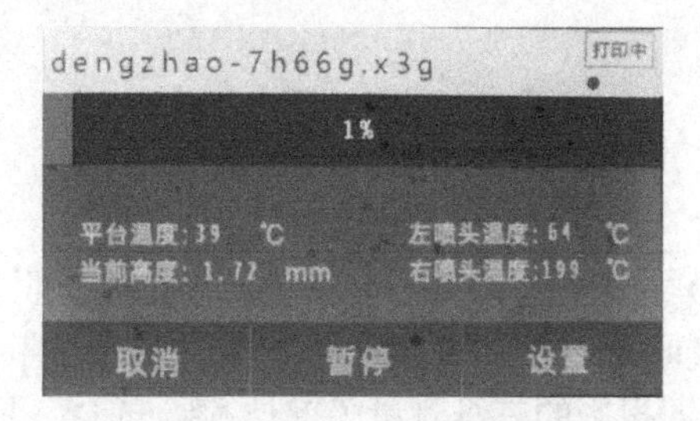

图 6-141　打印机界面

打印一半时，当高度达到 26.90mm 时打印机界面如图 6-142（a）所示，打印平台如图 6-142（b）所示。

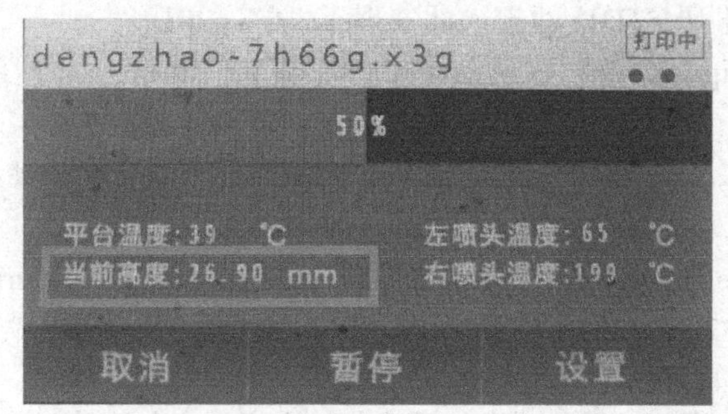

（a）打印机界面

（b）打印平台

图 6-142　打印过程

打印完成的产品如图 6-143 所示，共用时 7 个小时。打印完成后，再利用工具对产品进行简单处理，即可获得快速成型后的产品创意设计原型。

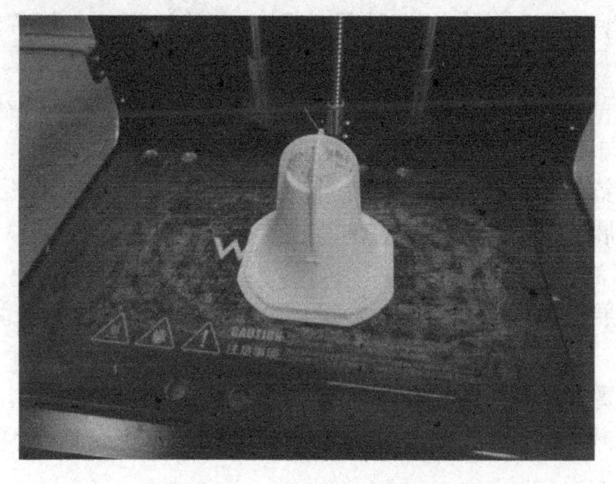

图 6-143　打印完成的产品

参 考 文 献

[1] 刘军华，曹明元. 3D 打印扫描技术[M]. 北京：机械工业出版社，2018.

[2] 乐一楠. 航空发动机叶片三维测量技术的研究与应用[D]. 北京：国防科技大学，2019.

[3] 杨建柏. 基于数字光栅投影的三维测量关键技术研究[D]. 北京：中国科学院大学，2020.

[4] 成思源，杨雪荣. Geomagic Design X 逆向设计技术[M]. 北京：清华大学出版社，2017.

[5] 喻士领. 基于光栅条纹投影的三维测量系统标定方法的研究[D]. 南京：南京理工大学，2015.

[6] 王建华. 光栅投影三维测量关键技术研究[D]. 西安：西安理工大学，2019.

[7] 刘然慧等. 3D 打印：Geomagic Design X 逆向建模设计实用教程[M]. 北京：化学工业出版社，2019.

[8] 杨晓雪，闫学文. Geomagic Design X 三维建模案例教程[M]. 北京：机械工业出版社，2016.

[9] Zhang Z Y. A flexible new technique for camera calibration[J]. IEEE Trans. on Pattern Analysis and Machine Intelligence, 2000. Vol.22(11): 1330-1334.

[10] 赵成星等. 光栅四步相移法的三维重建[J]. 激光杂志，2020, 41(10), 34-38.

[11] 林嘉鑫. 基于面结构光的机械工件三维扫描系统研究与设计[D]. 广州：华南理工大学，2018.

[12] 于延军，张娜. 基于 Design X 软件的复杂曲面逆向设计应用[J]. 现代制造技术与装备，2017(02):10-11.

[13] 钟元元. 基于逆向工程的破损零件修复方法研究[D]. 兰州：兰州理工大学，2016.

[14] 李炎粉.浅析金属材料在汽车轻量化生产中的运用[J]. 装备制造技术，2016(08): 134-135.

[15] 曾富洪. 产品创新设计与开发[M]. 成都：西南交通大学出版社，2009.

[16] 成思源. 逆向工程技术综合实践[M]. 北京：电子工业出版社，2010.

[17] 卢碧红，曲宝章. 逆向工程与产品创新案例研究[M]. 北京：机械工业出版社，2013.

[18] 创新设计发展战略研究项目组. 创新设计战略研究综合报告[M]. 北京：中国科学技术出版社，2016.

[19] 创新设计发展战略研究项目组. 中国创新设计路线图[M]. 北京：中国科学技术出版社，2016.

[20] 成思源，杨雪荣. 逆向工程技术[M]. 北京：机械工业出版社，2018.

[21] 马力戈. 现代机械设计的创新设计理论与方法研究[J]. 价值工程，2020,39(01): 280-281.

[22]王永玲. 逆向工程技术及其在产品开发中的应用概述[J]. 现代制造技术与装备，2019(01):31-33.

[23] 曾富洪. 产品创新设计与开发[M]. 成都：西南交通大学出版社，2009.

[24] 成思源. 逆向工程技术综合实践[M]. 北京：电子工业出版社，2010.

[25] 卢碧红，曲宝章. 逆向工程与产品创新案例研究[M]. 北京：机械工业出版社，2013.